金工实习

主　编　王小哲

编　者　王小哲　赵海洲　孙晨　惠小平

西北工业大学出版社

西安

【内容简介】 本教材是根据教育部颁布的《金工实习教学基本要求》和《金工实习实施细则》,并结合作者多年的教学实践经验编写而成的。内容包括金工实习基础,车削加工,铣、刨、磨削加工,焊接,钳工,表面处理等。通过学习本教材,读者能够获得机械工程实践知识和相关操作实践技能。

本教材可作为高等工科院校机械类及近机械类专业的教材,也可供高职高专院校相关专业教师教学使用。

图书在版编目(CIP)数据

金工实习/王小哲主编. —西安:西北工业大学出版社,2019.12(2022.8重印)
ISBN 978-7-5612-6822-3

Ⅰ.①金… Ⅱ.①王… Ⅲ.①金属加工-实习-基本知识 Ⅳ.①TG-45

中国版本图书馆 CIP 数据核字(2020)第 004268 号

JINGONG SHIXI

金 工 实 习

责任编辑:胡莉巾	**策划编辑**:郭 斌
责任校对:王梦妮	**装帧设计**:李 飞

出版发行:西北工业大学出版社
通信地址:西安市友谊西路 127 号　　邮编:710072
电　　话:(029)88491757,88493844
网　　址:www.nwpup.com
印 刷 者:西安五星印刷有限公司
开　　本:787 mm×1 092 mm　　1/16
印　　张:9.75
字　　数:256 千字
版　　次:2019 年 12 月第 1 版　　2022 年 8 月第 3 次印刷
定　　价:36.00 元

如有印装问题请与出版社联系调换

前　言

金工实习课程是本科机电类专业学生必修的实践性工程技术课程，主要解决学生机械基础知识储备、设备使用操作衔接和动手能力培养问题。在学习工程图学等课程的基础上学习本课程，再通过接触机械制造的生产过程，学生能具备一定的机械加工基本技能，建立起对机械加工制造过程的感性认识，为后续专业课程学习打下基本技能基础。因而本课程成为培养学生实践能力的有效途径。

本教材主要内容包括常用金属材料的主要性能、鉴别方法和热处理工艺，金属加工的各种方法和常用机械加工设备的结构、性能和加工范围，常用表面处理方法，机械加工常用设备安全操作要求，车工、铣工、钳工常用测量设备、加工刀具、辅助夹具的使用方法，普通车床、铣床、台式虎钳、台钻等常用机械加工设备的使用方法，电弧焊、气焊的工艺过程以及所用设备、操作方法。

本教材由空军工程大学防空反导学院王小哲任主编，赵海洲、孙晨、惠小平参与了全书的编写。李国宏副教授对全书进行了审阅，并提出许多宝贵意见和建议，在此表示感谢！

由于水平有限，书中难免有疏漏之处，恳请各位同仁和广大读者批评指正。

最后，特别感谢本书援引的参考文献的作者。

编　者
2019 年 5 月

目 录

第一章　金工实习基础 ··· 1

　　第一节　课程概述 ·· 1

　　第二节　常用金属材料 ··· 3

　　第三节　常用量具 ·· 10

　　第四节　铸造、锻造生产 ·· 16

第二章　车削加工 ·· 32

　　第一节　概述 ·· 32

　　第二节　普通车床 ·· 33

　　第三节　车刀 ·· 42

　　第四节　典型零件的车削 ·· 47

第三章　铣、刨、磨削加工 ·· 62

　　第一节　铣削加工 ·· 62

　　第二节　刨削加工 ·· 74

　　第三节　磨削加工 ·· 79

第四章　焊接 ·· 87

　　第一节　概述 ·· 87

　　第二节　手工电弧焊 ·· 88

　　第三节　气焊 ·· 101

　　第四节　气割 ·· 108

　　第五节　二氧化碳气体保护焊 ·· 110

第五章　钳工 ··· 112

　　第一节　概述 ·· 112

第二节　划线……………………………………………………………… 113

　　第三节　锯割……………………………………………………………… 118

　　第四节　锉削……………………………………………………………… 120

　　第五节　刮削……………………………………………………………… 125

　　第六节　錾削……………………………………………………………… 127

　　第七节　攻螺纹和套螺纹………………………………………………… 129

　　第八节　钻削加工………………………………………………………… 132

第六章　表面处理…………………………………………………………… 136

　　第一节　表面处理技术概述……………………………………………… 136

　　第二节　电镀……………………………………………………………… 138

　　第三节　单金属电镀……………………………………………………… 143

　　第四节　铝及铝合金的阳极氧化………………………………………… 146

参考文献……………………………………………………………………… 150

第一章 金工实习基础

第一节 课程概述

金工实习是一门实践性技术基础课程,是高等院校各专业教学计划中一个重要的实践性环节,是学生获得工程实践知识、建立工程意识、训练操作技能的主要教育形式,也是学生接触实际生产、获得生产技术及管理知识、进行工程师基本素质训练的必要途径。金工实习课程旨在为学习后续课程积累感性知识,为使用维护兵器准备必要的操作技能。

一、金工实习的目的和意义

(1)建立起对武器装备制造生产基本过程的感性认识,学习机械制造的基础工艺知识,了解机械制造生产的主要设备。在实习中,学生要学习机械制造的各种主要加工方法及其所用的主要设备的基本结构、工作原理和操作方法,并正确使用各类工具、夹具、量具,熟悉各种加工方法、工艺技术、图纸文件和安全技术,了解加工工艺过程和工程术语,对工程问题从感性认识上升到理性认识。

(2)培养实践动手能力,进行工程师的基本训练。为培养学生的工程实践能力,强化工程意识,通过金工实习实践训练,进一步了解武器装备的生产过程。在实习中,学生通过直接参加生产实践,操作各种设备,使用各类工具、夹具、量具,独立完成简单零件的加工制造全过程,以对简单零件具有初步选择加工方法和分析工艺过程的能力,并具有操作主要设备和加工作业的技能,初步奠定工程师应具备的基础知识和基本技能。

(3)全面开展素质教育,树立经济观点和质量意识,提高工程实践能力,培养对工作一丝不苟、认真负责的作风和吃苦奉献的精神,以满足部队对高素质、应用型工程技术人才的需求。协调发展学生的知识、能力和素质,培养高质量人才。

实习现场不同于教室,它是生产、教学、科研三结合的基地,教学内容丰富,实训环境多变,接触面宽广。这样一个特定的教学环境正是对学生进行思想作风教育的好场所、好时机。能帮助学生在实习的过程中,增强劳动观念,遵守组织纪律,培养团队协作的工作作风;使其爱惜国家财产,建立经济观点和质量意识,培养理论联系实际和一丝不苟的科学作风;能初步培养学生在生产实践中调查、观察问题的能力,以及运用所学知识分析问题、解决部队中实际问题的能力。这都是全面开展素质教育不可缺少的重要组成部分,也是金工实习课程为提高人才综合素质、培养高质量人才需要完成的一项重要任务。

二、金工实习的要求

金工实习的总要求是结合装备、深入实践、强化动手、注重训练。根据这一要求,提出以下具体要求。

(1)进一步了解武器装备的制造过程及基础的工程知识和常用的工程术语。

(2)了解武器装备制造过程中所使用的主要设备的基本结构特点、工作原理、适用范围和操作方法,熟悉各种加工方法、工艺技术、图纸文件和安全技术,并正确使用各类刀具、夹具、量具。

(3)独立操作各种设备,完成简单零件的加工制造全过程。

(4)了解机械制造企业在生产组织、技术管理、质量保证体系和全面质量管理等方面的工作及生产安全防护方面的组织措施。

(5)了解新工艺、新技术的发展与应用状况,以及机电一体化、CAD／CAM／CAE等现代制造技术在生产实际中的应用。

三、金工实习的训练内容

金工实习是对产品的生产过程进行实践性教学的重要环节,其具体内容包括以下几个方面:

(1)基础知识。通过金工实习了解机械加工的基础知识,如铸造、锻造、焊接、钳工、切削加工及表面处理等各工种的生产过程及基本原理。

(2)基本技能。对各种加工方法要达到能独立动手操作。如操作车床、铣床、刨床、磨床等机床,使用钳工的锯、锉、錾、装配,进行焊接的手工电弧焊、气焊和气割操作等。

(3)综合训练内容。学生在学习每个工种的基本知识和基本技能后,综合运用已掌握的知识,针对某一具体零件,编制零件加工工艺;根据零件具体结构,灵活运用所学设备和工具,加工出符合图样要求的合格产品。

四、金工实习的安全教育

金工实习课程是学生在高等教育阶段进行的一次亲自动手操作的实践教学环节,同时又是具有高危险性的工作,因此,全体参加机械制造工程训练的师生一定要时刻树立"安全第一"的思想,做到警钟长鸣。

金工实习安全包括人身安全、设备安全和环境安全,其中最重要的是人身安全。在每个工种训练之前,要求认真研读安全操作规程,严格按规程操作。另外,还要严格遵守校规校纪,做好防火、防盗工作。

在金工实习训练过程中要进行各种操作,制作各种不同规格的零件,因此,需要使用各种生产设备,接触焊机、机床、砂轮机等。为了避免触电、机械伤害、烫伤和中毒等工作事故,学生必须严格遵守工艺操作规程。只有实行文明生产,才能确保训练的安全,具体要求如下:

(1)训练过程中做到专心听讲,仔细观察,做好笔记,尊重指导师傅,独立操作,努力完成各项训练作业。

(2)严格执行安全制度,进车间必须服从管理,不得穿凉鞋。女士要戴好工作帽,将长发放在帽内,不得穿高跟鞋。

(3)操作机床时不准戴手套,严禁身体、衣袖与转动部件接触;正确使用机床设备,严格按安全规程操作,注意人身安全。

(4)遵守设备操作规程,爱护设备,未经指导师傅允许不得随意动车间设备,更不准按开关按钮。

(5)遵守劳动纪律,不迟到、不早退、不打闹、不串车间、不随地而坐、不擅离工作岗位,更不能到车间外玩耍,有事请假;训练场地禁止吸烟。

(6)交接班时认真清点工具、卡具、量具,做好保养。

(7)要不怕苦、不怕累、不怕脏,热爱劳动。

(8)每天下班前擦拭机床,清理用具、工件,打扫工作场地,保护环境卫生。

(9)爱护公物,节约材料、水、电。

第二节 常用金属材料

金属材料是一种或几种金属元素以极微小的晶体结构所组成的具有金属光泽、良好导电、导热性能以及一定力学性能的材料。通常指钢、铁、铝、铜等金属及其合金材料。

一、金属材料的性能

金属材料的性能分为使用性能和工艺性能。所谓使用性能,是指机器零件在正常工作情况下金属材料应具备的性能,它包括机械性能(或称为力学性能)、物理性能和化学性能。而工艺性能是指零件在冷、热加工制造过程中,金属材料应具备的与加工工艺相适应的性能。

(一)金属材料的机械性能

材料的机械性能是指零件在载荷作用下所反映出来的抵抗变形或断裂的性能,是设计零件及选择材料的重要依据。任何机械零件或工具,在使用过程中,往往都会受到各种形式外力的作用。如起重机上的钢索,受到悬吊物拉力的作用;柴油机上的连杆,在传递动力时,不仅受到拉力的作用,而且受到冲击力的作用;轴类零件要受到弯矩、扭力的作用等。这就要求金属材料必须具有一种承受机械负荷而不超过许可变形或不破坏的能力,这种能力就是材料的力学性能。金属表现出来的诸如弹性、强度、硬度、塑性和韧性等特征就是用来衡量金属材料在外力作用下所表现出来的机械性能指标。常用机械性能指标及其说明见表1-1。

表1-1 常用机械性能指标及其说明

机械性能	性能指标			说明
	名称	符号	单位	
强度:金属材料在外力作用下抵抗破坏(过量的塑性变形或断裂)的性能	抗拉强度	σ_b	MPa	金属拉断前的最大载荷所对应的应力,代表金属抵抗最大均匀塑性变形或断裂的能力
	屈服强度	σ_s	MPa	金属屈服时对应的应力,是对微量塑性变形的抵抗能力

续表

机械性能	性能指标			说　明
	名　称	符号	单位	
塑性：金属材料在外力作用下产生塑性变形而不破坏的能力	延伸率	δ	%	试样拉断后标距长度的增量占原标距长度的百分比，δ 越大，材料的塑性越好。 $$\delta = [(l_1 - l_0)/l_0] \times 100\%$$ 式中：l_0——试样的原始标距长度，mm； 　　　l_1——试样拉断后的标距长度，mm
	断面收缩率	ψ	%	试样拉断处横截面积减小量占原横截面积的百分比，ψ 越大，材料的塑性越好。 $$\psi = [(A_0 - A_1)/A_0] \times 100\%$$ 式中：A_1——试样断口处的横截面积，mm²； 　　　A_0——试样原横截面积，mm²
硬度：衡量金属材料软硬程度的指标	布氏硬度	HB		用载荷除以压痕球形面积所得的商作为硬度值，一般用于硬度不高的材料
	洛氏硬度	HR		根据压痕深度来衡量硬度，HRC 应用最广，一般经过淬火的钢件（20～67 HRC）都采用洛氏硬度
	维氏硬度	HV		用载荷除以压痕表面积所得的商作为硬度值，一般用于表面薄层硬化钢或薄的金属件的硬度
韧性	冲击韧性	α_K	J/cm²	试样击断时所消耗的功——冲击功，α_K 越大，材料的韧性越好。 $$\alpha_K = A_K/A$$ 式中：A_K——试样击断时所消耗的冲击功，mm²； 　　　A——试样缺口处的横断面积，mm²
抗疲劳性	疲劳强度	σ_{-1}	MPa	金属材料经受多次（一般为 10^7 周次）对称循环交变应力的作用，而不产生疲劳破坏的最大应力

(二)金属材料的物理性能

金属材料的主要物理性能有密度、熔点、热膨胀性、导热性和导电性等。用于不同场合下的机器零件，对所用材料的物理性能要求是不一样的。

(三)金属材料的化学性能

金属材料在室温或高温时抵抗各种化学作用的能力即为化学性能，如耐酸性、耐碱性、抗氧化性等。

(四)金属材料的工艺性能

金属材料的工艺性能是指材料对于相应加工工艺适应的性能,按加工工艺方法的不同,有铸造性、可锻性、可焊性、切削加工性及热处理性等。在零件设计时的选材环节中,一定要考虑到在选定的加工工艺方法下,该材料的相应工艺性能是否良好,否则便不选用它,而换用另一种材料或另一种加工工艺。

二、金属材料的热处理

在机械零件或工、模具的制造过程中,往往要经过各种冷、热加工,同时在各加工工序之间还经常要穿插热处理工艺。

金属材料的热处理是利用对金属材料进行固态加温、保温及冷却的过程,而使金属材料的内部结构和晶粒的粗细发生变化,从而获得需要的机械性能(强度、硬度、塑性、韧性等)和化学性能(抗热、抗氧化、耐腐蚀等)的工艺方法。

热处理和其他加工工艺(锻压、铸造、焊接、切削加工)不同,它的目的不是改变钢件的外形和尺寸,而是改变其内部组织和性能。按热处理的作用不同可分为预备热处理和最终热处理,它们在零件的加工工艺路线中所处的位置如下:铸造或锻造→预备热处理→机械(粗)加工→最终热处理→机械(精)加工。

常用的金属材料的热处理方法有以下几种。

(一)退火

将钢件加热到一定温度并在此温度下进行保温,然后缓冷到室温,这一热处理工艺称为退火。退火可以使材料内部的组织细化、均匀,可以改善其机械性能。退火的主要目的是降低钢的硬度,消除内应力,提高塑性和韧性,以利于切削加工,为以后热处理做准备。

(1)完全退火。降低材料的硬度,消除钢中的不均匀组织和内应力,有利于切削加工。

(2)球化退火。目的在于降低硬度,改善切削加工性能,主要用于高碳钢。

(3)去应力退火。主要用于消除金属材料的内应力,利于以后加工或在以后使用中不易变形或开裂,一般用于铸件、锻件及焊接件。

(二)正火

将钢件加热到临界点 A_{c_3}(亚共析钢)或 A_{cm}(共析钢、过共析钢)以上的温度,保温一段时间,然后在空气中冷却至室温的热处理工艺称为正火。正火后可以得到较细的组织,其硬度、强度均高于退火,而塑性和韧性稍低,内应力消除不如退火彻底。正火的主要目的是细化内部组织,消除锻件、轧件和焊接件的组织缺陷,改善钢的机械性能。

(三)淬火

将钢件加热到一定温度,经保温后在水或油中快速冷却的热处理方法称为淬火。淬火的主要目的是提高材料的强度和硬度,增加耐磨性,淬火是重要的热处理工艺。

(四)回火

将淬火后的工件重新加热到临界点以下的温度,并保温一段时间,然后以一定的方式冷却到室温的热处理工艺称为回火。回火是淬火的继续,经淬火的钢件需回火处理。回火可减少或消除工件淬火后产生的内应力,降低脆性,使工件获得所需的综合力学性能及稳定的组织。

常见的"调质处理"就是"淬火＋高温回火"。

(五)表面淬火

表面淬火是通过对工件快速加热(火焰或感应加热),使工件表层迅速达到淬火温度,然后冷却,使表面获得淬火组织,而心部仍保持原始组织的热处理工艺。

(六)化学热处理

化学热处理是将工件置于一定的活性介质中加热、保温,使一种或几种元素的原子渗入工件表层,以改变其化学成分、组织和性能的热处理工艺。其目的是提高零件的硬度、耐磨性、耐热性和耐腐蚀性,而心部仍然保持原有的性能。常用的方法有渗碳、渗氮和氰化。

(1)渗碳:提高工件表层的含碳量,达到表面淬火提高硬度的目的。

(2)渗氮:将氮渗入钢件表层,可提高工件表面的硬度及耐磨性。

(3)氰化:在钢件表层同时渗入碳原子和氮原子的过程称为氰化。氰化可提高工件表面硬度、耐磨性和疲劳强度。

三、常见的金属材料

常见的金属材料通常指钢、铸铁、铸铜、铝及铝合金、铜及铜合金等。

(一)钢

钢是碳的质量分数小于 2.11%（实际上小于 1.35%），并含有少量杂质元素的铁碳合金。钢具有良好的使用性能和工艺性能,而且产量大、价格较为低廉,因此应用非常广泛。

钢的分类方法很多,常见的分类方法见表 1-2。

表 1-2 钢的分类

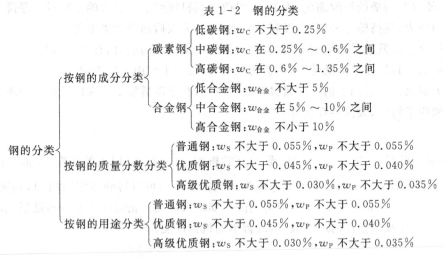

1. 碳素钢的牌号、性能及用途

碳素钢的熔炼过程比较简单,生产费用较低,价格便宜,主要用于工程结构,制成热轧钢板、钢带和棒钢等产品,广泛用于工程建筑、车辆、船舶以及桥梁、容器等构件。常用的碳素钢的分类、牌号及应用见表 1-3。

表1-3 常用碳素钢的分类、牌号及应用

分类	牌号举例	符号说明	应用举例
碳素结构钢	Q235AF	Q：表示屈服强度汉语拼音字首。 235：表示 $\sigma_s \geq 235$ MPa。 A：表示硫、磷的质量分数的大小。 F：表示为沸腾钢	螺钉、螺母、螺栓、垫圈、手柄、小轴及型材等
优质碳素结构钢	20,40,45,65	两位数字代表钢中碳的平均质量分数的万分数。例如，45钢种的碳的平均质量分数为0.45%	制造各类机械零件，例如轴、齿轮、连杆、各种弹簧等
碳素工具钢	T7,T8,T12,T12A	T：表示碳工具钢汉语拼音字首。 数字编号：表示钢的平均碳的质量分数的千分数；例如，T7代表碳的质量分数约等于0.7%的优质碳素工具钢。 A：表示高级优质碳素工具钢，钢中有害杂质(P,S)的含量较少	制造各类刀具、量具和模具。例如锤头、钻头、冲头、丝锥、板牙、锯条、刨刀、锉刀、量具、剃刀、小型冲模等

2. 合金钢的牌号、性能及用途

为了改善钢的某些性能或使之具有某些特殊性能，在炼钢时有意加入一些元素，称为合金元素。含有合金元素的钢，称为合金钢。

钢中加入的合金元素主要有 Si,Mn,Cr,Ni,W,Mo,V,Ti,Al,B 及稀土元素(Re)等。这类钢比碳钢具有更高的机械性能和某些特殊性能（如耐热、耐蚀、耐磨性能等），常用作重要的机器零件和工具或要求特殊性能的零件。常用的合金钢的分类、牌号及应用见表1-4。

表1-4 常用合金钢的分类、牌号及应用

分类	牌号举例	符号说明（或举例）	应用举例
合金结构钢	16Mn, 40Cr, 60Si2Mn	数字编号：表示钢的碳的平均质量分数的万分数。 元素符号：表示加入的合金元素，当合金元素平均质量分数小于1.5%时，则只标出元素符号，而不标明其质量分数；倘若元素的平均质量分数在1.5%~2.5%之间时，元素符号后写数字2；当元素的平均质量分数在2.5%~3.5%之间时，元素符号后面写数字3	制造各类重要的机械零件，例如齿轮、活塞销、凸轮、气门顶杆、曲轴、机床主轴、板簧、卷簧、压力容器、汽车纵横梁、桥梁结构、船舶结构等
合金工具钢	5CrMnMo, W18Cr4V, 9SiCr	数字编号：表示钢的碳的平均质量分数的千分数。 元素符号：表示加入的合金元素，当合金元素平均质量分数小于1.5%时，则只标出元素符号，而不标明其质量分数；倘若元素的平均质量分数在1.5%~2.5%之间时，元素符号后面写数字2；当元素的平均质量分数在2.5%~3.5%之间时，元素符号后写数字3	制造各类重要的、大型复杂的刀具、量具和模具。例如板牙、丝锥、形状复杂的冲模、块规、螺纹塞规、样板、铣刀、车刀、刨刀、钻头等

续表

分 类	牌 号		应用举例
	牌号举例	符号说明(或举例)	
特殊性能钢	1Cr18Ni9Ti, 4Cr9Si2, ZGMn13	不锈钢:1Cr18Ni9Ti; 耐热钢:4Cr9Si2; 耐磨钢:ZGMn13	不锈钢:医疗器械、耐酸容器、管道等; 耐热钢:加热炉构件、过热器等; 耐磨钢:衬板、履带板等

(二)铸铁

铸铁是指碳的质量分数大于2.11%的铁碳合金。工业上常用铸铁的碳的质量分数一般在2.5%~4%之间,此外,铸铁中还含有较多的锰、硅、磷、硫等元素。

铸铁与钢相比,虽然机械性能较低(强度低、塑性低、脆性大),但却有着优良的铸造工艺性、切削加工性、消震性和减磨性等。因此,铸铁在生产中仍获得普遍应用。

铸铁中的碳,由于成分和凝固时冷却条件的不同,可以呈化合状态(Fe_3C)或游离状态(石墨)存在,这就使铸铁的内部组织、性能、用途方面存在较大的差异。通常铸铁可分为白口铸铁、灰口铸铁、可锻铸铁、球墨铸铁等。

常用铸铁的分类、牌号及应用见表1-5。

表1-5 常用铸铁的分类、牌号及应用

分 类	牌 号		应用举例
	牌号举例	符号说明	
灰口铸铁	HT100 HT150 HT200 HT250 HT300 HT350	HT:表示灰铁汉语拼音字首。 数字:表示该材料的最低抗拉强度值(MPa)。 例如:HT200,表示,$\sigma_b \geq 200$MPa的灰口铸铁	制造各类机械零件,例如机床床身、飞轮、机座、轴承座、汽缸体、齿轮箱、液压泵体等
可锻铸铁	KT300-06 KT350-10 KT450-06 KT650-02 KT700-02	KT:表示可铁汉语拼音字首。 数字:分别表示材料的最低抗拉强度值(MPa)和最低伸长率δ。 例如:KT450-06表示抗拉强度σ_b不低于450MPa,伸长率δ不低于6%的可锻铸铁	制造各类机械零件,例如曲轴、连杆、凸轮轴、摇臂活塞环等
球墨铸铁	QT400-18 QT500-07 QT600-03 QT900-02	QT:表示球铁汉语拼音字首。 数字:分别表示材料的最低抗拉强度值(MPa)和最低伸长率(δ)。 例如:QT400-18表示抗拉强度σ_b不低于400MPa,伸长率占不低于18%的球墨铸铁	用它可以代替部分铸钢或锻钢件,制造承受较大载荷、受冲击和耐磨损的零件,例如大功率柴油机的曲轴、轧辊、中压阀门、汽车后桥等

(三)铸钢

与铸铁相比,铸钢具有较高的综合机械性能,特别是塑性和韧性较好,使铸件在动载荷作用下安全可靠。此外,铸钢的焊接性较铸铁优良,这对于采用铸-焊联合工艺制造复杂零件和重要零件十分重要。但是,铸钢的铸造工艺性能差,为保证铸钢件的质量,还必须采取一些特殊的工艺措施,这就使铸钢件的生产成本高于铸铁。

我国碳素铸钢件的牌号根据 GB/T 11352—1989 规定,用铸钢汉语拼音字首"ZG"加两组数字组成,第一组数字代表屈服强度值(MPa),第二组数字代表抗拉强度值(MPa)。铸钢的牌号有 ZG200-400,ZG230-450,ZG270-500,ZG310-570,ZG340-640 等。

(四)有色金属

除黑色金属钢铁以外的其他金属与合金,统称为有色金属或非铁金属。

有色金属具有许多与钢铁不同的特性,例如:高导电性和导热性(银、铜、铝等)、优异的化学稳定性(铅、钛等)、高导磁性(铁镍合金等)、高强度(铝合金、钛合金等)、高熔点(钨、铌、钽、锆等)。所以,在现代工业中,除大量使用黑色金属外,还广泛使用有色金属。

常用的有色金属主要有铝及铝合金、铜及铜合金两类。

1. 铝及铝合金

(1)工业纯铝。按纯度的高低,工业纯铝的加工产品,分为 L1,L2,…,L7 等 7 个牌号,其中,L 是"铝"字汉语拼音的首字母,数字表示编号,编号越大,纯度越低。

工业纯铝的强度低,σ_b 为 80~100MPa,经冷变形后可提高至 150~250MPa,故工业纯铝难以满足结构零件的性能要求,主要用作配制铝合金及代替铜制作导线、电器和散热器等。

(2)铝合金。用于铸造生产中的铝合金称为铸造铝合金,它不仅具有较好的铸造性能和耐蚀性能,而且能用变质处理的方法使强度进一步得到提高,应用较为广泛,如用作内燃机活塞、汽缸头、汽缸散热套等。这类铝合金的牌号由铸铝两字汉语拼音字首"ZL"和三位数字组成。其中第一位数字为主加元素的代号(1 表示 Al-Si 系合金,2 表示 Al-Cu 系合金,3 表示 Al-Mg 系合金,4 表示 Al-Zn 系合金),后两位数字表示顺序号。如 ZL102 表示铸造铝硅合金材料。

除了铸造铝合金外,还有一类铝合金叫形变铝合金,主要有防锈铝、锻造铝、硬铝和超硬铝四种。它们大多通过塑性变形轧制成板、带、棒、线材等半成品使用。其中硬铝是一种应用较多的由铝、铜、镁等元素组成的铝合金材料。它除了具有良好的抗冲击性、焊接性和切削加工性外,经过热处理强化(淬火加时效)后强度和硬度能进一步提高,可以用作飞机结构支架、翼肋、螺旋桨、铆钉等零件。

2. 铜及铜合金

铜及铜合金的种类很多,一般分为紫铜(纯铜)、黄铜、青铜和白铜等。

(1)纯铜。纯铜因其表面呈紫红色,故亦称紫铜。它具有极好的导电和导热性能,大多用于电器元件或用作冷凝器、散热器和热交换器等零件。纯铜还具有良好的塑性,通过冷、热态塑性变形可制成板材、带材和线材等半成品。此外,纯铜在大气中具有较好的耐蚀性。

我国工业纯铜的牌号是用符号"T"("铜"字汉语拼音的首字母)和顺序数字组成,如 T1,T2,T3,T4。其中顺序数字越大,表示纯度越低。

(2)黄铜。铜和锌所组成的合金叫黄铜。当黄铜中含锌量小于39%时,锌能全部溶解在铜内。这类黄铜具有良好的塑性,可在冷态或热态下经压力加工(轧、锻、冲、拉、挤)成型。按其加工方式不同,可将黄铜分为压力加工黄铜和铸造黄铜两种。

压力加工黄铜的牌号由符号"H"(黄字汉语拼音字首)和数字组成。如 H68 黄铜,表示其含铜量为68%,含锌量为32%。铸造黄铜其牌号以 ZCu+主加元素符号+主加元素平均含量+辅加元素符号+辅加元素平均含量组成。如 ZCuZn38 表示含锌量为38%的铸造黄铜;ZCuZn40Pb2 表示含锌量为40%、含铅量为2%的铸造铅黄铜。

(3)青铜。由于主加元素不同,青铜分为锡青铜、铍青铜、铝青铜、铅青铜及硅青铜等。除锡青铜外,其余均为无锡青铜。

青铜的牌号是用符号"Q"(青字汉语拼音字首)和数字组成。如 QSn4-3,表示其为含锡量为4%、含锌量为3%的锡青铜。QAl17 表示其为含铝量为17%的铝青铜。

铸造青铜其牌号表示法与铸造黄铜类似。如 ZCuSn5Pb5Zn5 表示含锡量为5%、含铅量为5%、含锌量为5%的铸造锡青铜。

第三节 常用量具

生产出合格的机械零件,离不开两个重要的保障环节:一是生产过程中的技术环节,二是生产过程中的检测环节。其中检测环节是零件是否合格的最后判定。所谓检测就是严格按照图样要求用量具对零件进行精确测量,因此量具在检测过程中起着决定性的作用。

量具是以固定形式复现量值的计量器具。量具的种类很多,生产中常用到的有钢直尺、卡钳、游标卡尺、万能角度尺、千分尺、百分表、量块和塞尺等。

一、钢直尺

钢直尺是最简单的长度量具,它的长度有 150mm,300mm,500mm 和 1 000mm 四种规格。图 1-1 是常用的 150mm 钢直尺。

图 1-1 150mm 钢直尺

钢直尺用于测量零件的长度尺寸,如图 1-1 所示,但它的测量结果不太准确。这是由于钢直尺的刻度线间距为 1mm,而刻度线本身的宽度就有 0.1~0.2mm,所以测量时读数误差比较大,只能读出毫米数,即它的最小读数值为 1mm,比 1mm 小的数值,只能估读。如果用钢直尺直接去测量零件的直径尺寸(轴径或孔径),则测量精度更差。其原因是:除了钢直尺本身的读数误差比较大以外,还由于钢直尺无法保证放在零件直径的正确位置。零件直径尺寸的测量,可以利用游标卡尺来进行。

二、游标卡尺

游标卡尺,是一种测量长度、内外径、深度的量具,如图1-2所示。游标卡尺由主尺和附在主尺上能滑动的游标两部分构成。主尺一般以毫米为单位,而游标上有10,20或50个分格,根据分格的不同,游标卡尺可分为10分度游标卡尺、20分度游标卡尺和50分度游标卡尺等。游标卡尺的主尺和游标上有两副量爪,分别是内测量爪和外测量爪,内测量爪通常用来测量内径和槽,外测量爪通常用来测量长度和外径。

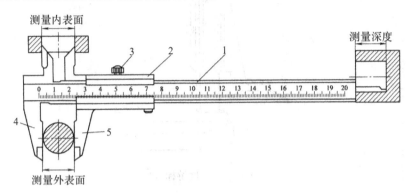

1—尺身;2—游标;3—止动螺钉;4—固定卡爪;5—活动卡爪

图1-2 游标卡尺

1. 游标卡尺刻度原理与读数方法

使用游标卡尺必须正确读取其数值,才能得出正确的测量结果。游标卡尺的读数由两部分组成:主尺上精确读出以毫米为单位的整数,小数部分需从游标上读取。游标读数精度分0.10mm,0.05mm和0.02mm三种,虽然其精度不同,但读数原理是一样的。此处以最常使用的精度为0.02mm的游标卡尺来讲解具体的读数方法。

0.02mm精度游标卡尺是将主尺上的49格(即49mm)与游标上均匀分布的50格相对齐,则每格的差值为0.02mm,故这种游标卡尺的读数精度为0.02mm。图1-3所示为一个具体的游标卡尺读数。

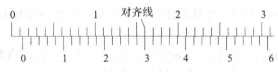

图1-3 游标卡尺读数方法

整数部分:主尺上位于游标"0"线左侧的最后一条刻度线,其读数为1mm。

小数部分:从游标"0"线之后的同主尺上某个刻度线对齐的线的编号 n 乘以精度值。图1-4所示为游标上第15条线同主尺上的刻度线对齐,$n=15$。故读数为 $15 \times 0.02 = 0.30$ mm。

总读数即为测量结果:$1+0.30=1.30$ mm。

图1-4所示为专门用于测量高度的游标卡尺,读数方法与普通游标卡尺相同。高度游标卡尺除用来测量高度外,也可用于精密划线。

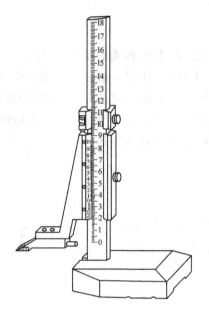

图 1-4　高度游标卡尺

2. 游标卡尺使用时的注意事项

(1) 校对卡尺使用前应先擦净卡尺,然后合拢卡爪,检查主尺与副尺的零线是否对齐,如不对齐,应送计量部门检修,以确保卡尺的测量精度。

(2) 测量操作。放正卡尺,卡爪与测量面接触时,用力不宜过大,以免卡爪变形或损坏;测量内、外圆时,卡尺应垂直于工件轴线,应使两卡爪处于工件直径位置,以保证测量的准确度。

(3) 读取数据。未读出数据前,游标卡尺离开工件表面时,必须先将止动螺钉拧紧,防止活动卡爪移动;读取数据时视线要对准所读刻线并垂直尺面,否则读数不准。

(4) 适用范围。游标卡尺属精密量具,不得用其测量毛坯表面和正在运动的工件。

三、千分尺

千分尺类量具的测量精度比游标类量具高,是机械制造业中最常用的较精密量具之一。它的测量精度一般为 0.01mm,测量范围分为 0~25mm,25~50mm,50~75mm,75~100mm 等。每隔 25mm 为一档规格。

千分尺量具根据用途的不同,可分为外径千分尺、内径千分尺、内测千分尺和深度千分尺等。图 1-5 所示为 25mm 量程外径千分尺的外观图。

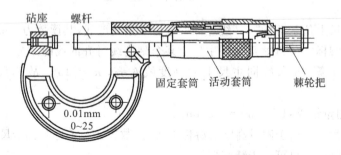

图 1-5　25mm 量程外径千分尺

1. 千分尺刻度原理与读数方法

千分尺的刻线机构由固定套筒和活动套筒（微分筒）组成，固定套筒在轴线方向刻有一条中线，中线的上、下方各刻一排刻线，两排刻线每小格间距均为1mm，且上、下两排刻线相互错开0.5mm形成主尺；活动套筒的左端圆周上刻有50条等分的刻度线，形成副尺。由于与活动套筒相连的测量螺杆的螺距为0.5mm，活动套筒转动一周，带动测量螺杆轴向移动0.5mm；微分套筒转过一格，测量螺杆轴向移动的距离为0.5/50＝0.01mm。

当千分尺的测量螺杆与砧座接触时，活动套筒边缘与固定套筒上的轴向刻度线的零线重合，同时圆周上的零线与固定套筒中心重合。

千分尺的读数方法如下：

(1) 读出固定套筒上露出刻线的整数（mm）和半毫米数（应为0.5mm的整数倍）。
(2) 读出微分筒上与轴向刻度中线对齐的刻度数值（刻线格数×0.01mm）。
(3) 将两部分读数相加即为测量尺寸，如图1-6所示。

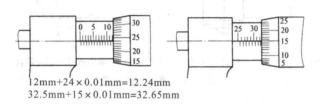

12mm+24×0.01mm=12.24mm
32.5mm+15×0.01mm=32.65mm

图1-6 千分尺读数方法

2. 千分尺使用时的注意事项

(1) 校对零点。将测砧与测微螺杆擦拭干净，使它们相接触，看微分筒圆周刻度零线与中线是否对准。如没有，将千分尺送计量部门检修。

(2) 测量。左手握住尺架，用右手旋微分筒，当测微螺杆快接近工件时，必须使用右端棘轮（此时严禁使用微分筒，以防止用力过度造成测量不准或破坏千分尺）以较慢的速度与工件接触。当棘轮发出"嘎嘎"的打滑声时，表示压力合适，应停止旋转。

(3) 从千分尺上读取尺寸。可在工件未取下前进行，读完后松开千分尺，亦可先将千分尺锁紧，取下工件后再读数。

(4) 被测尺寸的方向必须与测微螺杆方向一致，不得用千分尺测量毛坯表面和运动中的工件。

四、万能角度尺

游标万能角度尺主要用来测量零件的角度。扇形板可以带动游标沿主尺移动，角尺可用卡块紧固在扇形板上，可移动的直尺又可用卡块固定在角尺上，基尺与主尺连成一体，如图1-7所示。

1. 万能角度尺刻度原理与读数方法

万能角度尺的刻度原理、读数方法与游标卡尺相同。其主尺上分度值为1°，游标上的分度值定为主尺上的29°正好与游标上的30格相对应，即游标上的刻度值为29°/30＝58′。主尺与游标的分度值相差2′，因此万能角度尺的测量精度为2′。其读数方法与游标卡尺完全相同，即读数＝游标零线所指主尺上的整角度数＋游标与主尺上的对齐格数×精度。

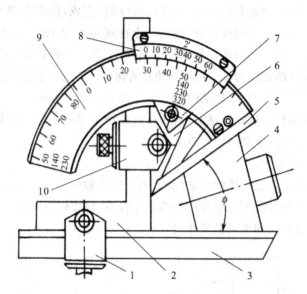

1,10—卡块；2—角尺；3—直尺；4—待测工件；5—基尺；6—扇形板；7—制动器；8—游标；9—主尺

图 1-7　游标万能角度尺

2.万能角度尺使用时的注意事项

(1)使用万能角度尺测量工件时,应首先校对零位。其零位是当角尺与直尺均装上,且角尺、基尺的底边均与直尺无间隙接触时,主尺与游标的零线对齐。

(2)测量时,转动背面的握手,使基尺改变角度,带动主尺沿游标转动。根据工件所测角度的大致范围组合量尺,通过改变基尺、角尺、直尺的相互位置,就可测量 0～320°范围内的任意角度,同时角尺和直尺既可以配合使用,也可以单独使用。

五、百分表

百分表是一种进行读数比较的计量仪器,其测量精度为 0.01 mm,使用百分表只能测出相对数值,不能测出绝对值。百分表主要用于检验零件的形状误差(圆度、锥度、直线度、平面度)和位置误差(平行度、垂直度、同轴度、跳动等),也常常用于工件装夹时的精密找正及用相对法测量工件的尺寸。

1.百分表刻度原理与读数方法

百分表头如图 1-8 所示,当测量头向上或向下移动 1mm 时,通过测量杆上的齿条和几个齿轮带动大指针转一周,小指针转一格。刻度盘在圆周上有 100 条等分的刻度线,每格读数值为 0.01mm；小指针每格读数值为 1mm。测量时大、小指针所示读数变化值之和即为尺寸变化量。小指针处的刻度范围就是百分表的测量范围。刻度盘可以转动,供测量时调整大指针对零位刻线之用。

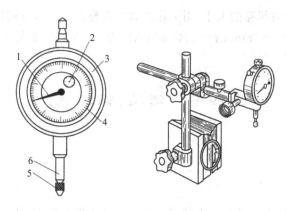

1—大指针；2—小指针；3—表壳；4—刻度盘；5—测量头；6—测量杆
图 1-8 百分表头和百分表

百分表的读数计算方法：读数＝分度值×分度数。例如，百分表指针转过 10 个分度，其读数为

读数＝分度值×分度数＝0.01mm×10＝0.10mm

2. 百分表使用时的注意事项

(1) 使用前应首先检查测量杆的灵活性：首先，轻轻推动或拉动测量杆，看其能否在套筒内灵活移动，每次松手后，指针都应回到原来的位置。其次，将百分表固定在表架后，必须检查其是否被夹牢，以免测量时因百分表松动而影响其测量精度。

(2) 测量时应使测量杆与工件被测表面垂直，并且测量头与工件接触时应有 0.3～0.5mm 的压缩量；然后转动表盘，使表盘的零位刻线对准指针，轻轻提起测量杆上端，再放下测量杆与工件接触，重复几次并观察指针所指零位是否有变化。当指针零位稳定后，再开始移动或转动工件，观察指针的摆动情况，最终确定被测要素的精确度。

(3) 使用百分表时，测量杆的升降范围不能过大，以减少由于机械传动所产生的误差。

(4) 百分表使用后应擦拭干净放入盒内，注意测量杆上不要加油，以免油污进入表内影响百分表的灵敏度，另外测量杆应处于自由状态，以防止表内弹簧过早失效。

六、塞尺

塞尺又称厚薄规或间隙片，主要用来检验机床特别紧固面与紧固面、活塞与气缸、活塞环槽与活塞环、十字头滑板与导板、进排气阀顶端和摇臂、齿轮啮合间隙等两个结合面之间的间隙大小。塞尺由许多层厚薄不一的薄钢片组成（见图 1-9），按照塞尺的组别制成一把一把的塞尺，每把塞尺中的每个钢片具有两个平行的测量平面，且都有厚度标记，以供组合使用。

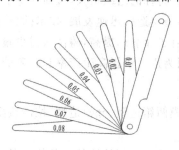

图 1-9 塞尺

测量时,根据结合面间隙的大小,用一片或数片重叠在一起塞进间隙内。例如用 0.03mm 的一片能插入间隙,而 0.04mm 的一片不能插入间隙,这说明间隙在 0.03~0.04mm 之间,所以塞尺也是一种界限量规。

第四节 铸造、锻造生产

一、铸造生产

(一)概述

铸造是将液体金属浇入具有与零件形状相适应的铸型空腔中,待其冷却凝固后,以获得零件和毛坯的方法。铸件表面粗糙,尺寸精度不高,通常作为零件的毛坯,经过切削加工后才能成为零件。

铸件广泛用于机床制造、动力、交通运输、轻纺机械、冶金机械等设备,铸件质量占机器总质量的 40%~85%。

1. 铸造生产的种类及特点

铸件一般是毛坯,需经切削加工后才能成为零件。对精度要求较低和允许表面粗糙度参数值较大的零件,经过特种铸造方法生产的铸件也可直接使用。

铸造生产方法很多,常见的有以下两大类。

(1)砂型铸造。这是用型砂紧实成形的铸造方法。型砂来源广泛、价格低廉,且砂型铸造方法适应性强,因而是目前生产中用得最多、最基本的铸造方法。

(2)特种铸造。这是与砂型铸造不同的其他铸造方法,如熔模铸造、金属型铸造、压力铸造、低压铸造和离心铸造等。

铸造生产具有以下优点:

(1)可以制成外形和内腔十分复杂的零件或毛坯,如各种箱体、床身、机架等。

(2)适用范围广,可铸造不同尺寸、质量及各种形状的工件,也适用于不同材料,如铸铁、铸钢、非铁合金;铸件质量可以从几克到 200t。

(3)原材料来源广泛,还可利用报废的机件或切屑;工艺设备费用小、成本低。

(4)所得铸件与零件尺寸较接近,可节省金属的消耗,减少切削加工工作量。

2. 铸造生产的缺陷

铸造在目前的生产中还存在一些问题,如在砂型铸造中工人的劳动条件差、劳动强度大,铸件的质量不稳定,废品率较高,铸件的组织粗大,且易产生缩孔、缩松、气孔、砂眼等缺陷。

近年来,由于特种铸造和砂型铸造的迅速发展、技术的成熟,铸件的机械性能大幅度提高,铸件的表面质量和尺寸精度也有了显著的提高,铸件只需少量切削或不切削就可直接使用,此外,电子技术在铸造生产的应用为进一步提高生产率和改善劳动条件提供了支持。

(二)手工造型

常用的手工造型方法有整模两箱造型、分模造型、挖沙造型、活块模造型及刮板造型等。

1. 整模两箱造型

整模两箱造型适用于最大截面在端部的铸件。整模两箱造型是造型时,把这个最大截面作为分型面,造型时整个模样全部置于一个砂箱内的造型方法。对于形状简单,端部为平面且又是最大截面的铸件采用整模造型,不会出现错箱缺陷,尺寸精度较高。整模造型操作简便,适用于形状简单、各种批量、各种大小的铸件,如齿轮坯、轴承座、机罩、机壳等。图1-10所示为整模两箱造型的示意图。

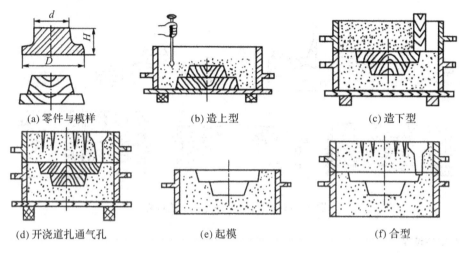

图1-10 整模两箱造型

2. 分模造型

图1-11所示为套管的分模造型示意图。

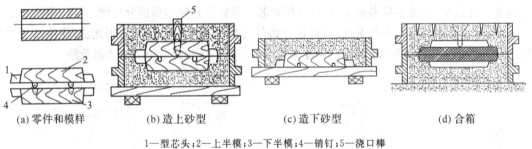

1—型芯头;2—上半模;3—下半模;4—销钉;5—浇口棒
图1-11 套管的分模两箱造型过程

当铸件的最大截面不在铸件的端部时,为了便于造型和起模,模样要分成两半或几部分,造型时分别在上、下两箱内,分型面一般也是平面。这种造型称为分模造型。

当铸件的最大截面不在端部而在铸件的中间时,应采用两箱分模造型,模样从最大截面处分为两半部分(用销钉定位)。造型时,先造下砂型,分模面(模样与模样间的接合面)也是分型面(砂型与砂型间的接合面)。两箱分模造型广泛用于形状比较复杂的铸件生产,适用于生产各种批量的套筒、管子、阀体类形状较复杂的铸件。

3. 挖砂造型

当铸件的外部轮廓为曲面(如手轮等),其最大截面既不在端部,且模样又不宜分成两半时,应将模样做成一体,造型时只要挖掉妨碍取出模样的那部分型砂,这种造型方法称为挖砂造型。挖砂造型的分型面为曲面,造型时为了保证顺利起模,必须把砂挖到模样最大截面处。

挖砂造型的特点是：造型时必须将下砂箱妨碍取模的型砂挖去，当铸件外形轮廓为曲面或阶梯面时，其最大截面不在铸件一端，且模型又不便分成两半，常采用挖砂造型法。这种造型方法由于采用手工挖砂，操作技术要求高，生产效率低，只适用于单件、小批量生产。图1-12所示为手轮的挖砂造型示意图。

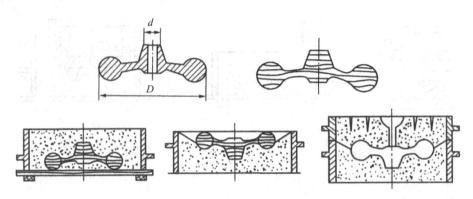

图1-12　手轮的挖砂造型工艺过程

4.活块模造型

当铸件上有妨碍起模的部分（如凸台、筋条等）时，把这些妨碍起模的部分做成活块，用销子或燕尾结构使活块与模样主体形成可拆连接。起模时先取出模样主体，活块模仍留在铸型中，起模后再从侧面取出活块（销钉要在型砂塞紧后拔出，否则主体模取不出）的造型方法称为活块模造型。活块模造型主要用于带有突出部分而妨碍起模的铸件、单件小批量、手工造型的场合。如果这类铸件批量大，需要机器造型时，可以用砂芯形成妨碍起模的那部分轮廓。活块模造型法对工人操作技术要求较高，生产率低，所以设计铸件时尽量避免用活块。采用此法，要注意活块的厚度不能大于主体模的厚度，深度也不能太大。图1-13所示为弯板的活块模造型。

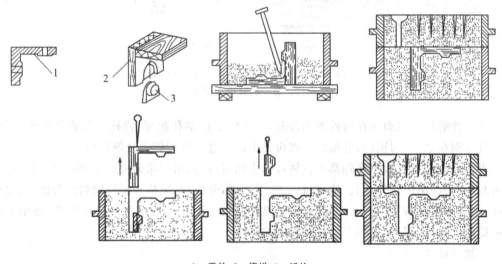

1—零件；2—模样；3—活块

图1-13　弯板的活块模造型

5. 刮板造型

对大、中型具有等截面或回转体铸件造型时,为了操作的简单,不用模样,采用一个与铸件或砂芯截面形状一致的木板(称为刮板)代替模样,根据砂型型腔或砂芯表面形状,引导刮板做旋转、直线或曲线运动,以形成型腔。

刮板造型示意图如图 1-14 所示。

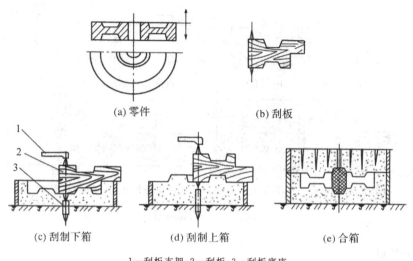

1—刮板支架;2—刮板;3—刮板底座

图 1-14 刮板造型

6. 三箱造型

采用 2 个分型面和 3 个砂箱的造型方法称三箱造型。形状较复杂的铸件,如铸件两头截面大而中间截面小,用一个分型面取不出模型需要从小截面处分开模,用 2 个分型面,3 个砂箱造型。因此三箱造型的特点是中箱的上、下两面都是分型面,都要求光滑平整,中箱的高度应与中箱中的模型相近,必须采用分模。三箱造型方法较复杂,生产效率低,不能用于机器造型(无法在中箱中造型),常用于中间尺寸小、两端尺寸大的零件单件或小批生产,如图 1-15 所示。在成批生产或用机器造型时,可以采用外砂芯,将三箱引为两箱造型。

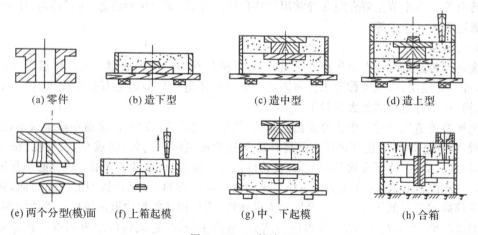

图 1-15 三箱造型

7. 假箱造型

当分型面不是单一平面且生产批量较大时,为避免挖砂,预先制备好强度较高的半个铸型来适应其分型面。由于该铸型只用于造型,不参与浇注,故称为假箱,如图 1-16 所示。生产中可采用木材或金属制成成型底板来代替假箱。

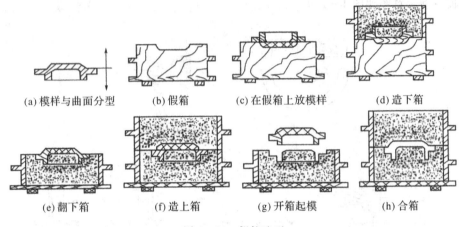

(a) 模样与曲面分型　　(b) 假箱　　(c) 在假箱上放模样　　(d) 造下箱

(e) 翻下箱　　(f) 造上箱　　(g) 开箱起模　　(h) 合箱

图 1-16　假箱造型

(三) 特种铸造

砂型铸造具有尺寸精度不高、表面粗糙、生产率低、质量不稳定、劳动强度大等缺点。随着科学技术的发展和生产水平的提高,对铸件质量、劳动生产效率、劳动条件和生产成本有了进一步的要求,因而铸造方法有了长足的发展。所谓特种铸造,是指有别于砂型铸造方法的其他铸造工艺,克服砂型铸造的缺陷。特种铸造能获得如此迅速的发展,主要是由于这些方法一般能提高铸件的尺寸精度和表面质量,提高铸件的物理及力学性能,提高金属的利用率(工艺出品率),减少原砂消耗量,适宜高熔点、低流动性、易氧化合金铸造,改善劳动条件,便于实现机械化和自动化,提高生产率。

目前特种铸造方法已发展到几十种,常用的有熔模铸造、金属型铸造、离心铸造、压力铸造、低压铸造、陶瓷型铸造,另外还有实型铸造、磁型铸造、石墨型铸造、反压铸造、连续铸造和挤压铸造等。本小节主要介绍几种常用的特种铸造方法,如金属型铸造、熔模铸造、压力铸造、低压铸造和离心铸造等。

1. 金属型铸造

金属型铸造是将液态金属浇入金属铸型,凝固后获得铸件的成型方法。铸型由金属材料制成,可反复使用,所以又称为永久型铸造。金属型铸造较砂型铸造有很多优点,目前主要用于铜、铝、镁等有色金属的大批量生产。

金属型铸造生产过程中需要预热金属型,其生产过程为:首先,浇注前预热金属型,预热温度一般在 200~300℃,温度过低会使铸件冷却过快而组织不均匀,造成裂纹、气孔、浇不足等缺陷;温度过高,会降低金属型的寿命,使铸件的晶粒粗大,机械性能降低。因此必须保证温度在规定的范围。其次,在浇注前还应在金属型内部喷刷涂料,以保护铸型的工作表面,获得表面质量较高的光滑的铸件。由于金属型无退让性,应尽快从铸型中取出铸件。停留时间过久,铸件温度越低,收缩越大,则铸件内应力增大,易产生裂纹,造成铸件取出困难。其主要缺点是:制造成本高、制造周期长;由于铸型导热性好,会降低金属液的流动性,因而不宜浇注过薄、过于复杂的铸件;铸型无退让性,铸件冷却收缩产生的内应力过大时会导致铸件的开裂;型腔在高温下易损坏,因而不宜铸造高熔点合金。

2. 熔模铸造

熔模铸造是用易熔材料制成精确的铸模,并组装成蜡模组,然后在模样表面用涂挂法制成由耐火材料及高强度黏结剂组成的多层型壳,待模壳硬化和干燥后将蜡模熔去,模壳再经高温熔烧后浇注获得铸件的一种铸造方法。熔模铸造工艺过程如图1-17所示。由于易熔铸模广泛采用石蜡-硬脂酸模料,所以熔模铸造又称为失蜡铸造。

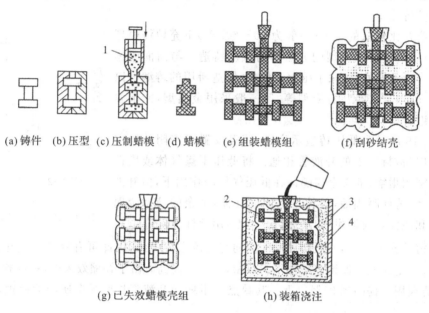

(a) 铸件　(b) 压型　(c) 压制蜡模　(d) 蜡模　(e) 组装蜡模组　(f) 刮砂结壳

(g) 已失效蜡模壳组　　　　(h) 装箱浇注

1—糊状蜡料;2—模壳;3—砂箱;4—填砂

图1-17　熔模铸造

3. 压力铸造

金属液在高压下高速充填铸模型腔,并在压力下凝固成型的方法,称为压力铸造,简称压铸。压力铸造是在压铸机上进行的。压力铸造的充型压力一般为几兆帕到几十兆帕。铸型材料一般使用耐热合金钢。图1-18所示为压铸机工艺过程示意图。

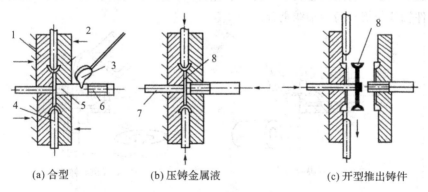

(a) 合型　　　　(b) 压铸金属液　　　　(c) 开型推出铸件

1—定型下板;2—定型上板;3—金属液;4—芯棒;5—压室;6—柱塞;7—推出杆;8—铸件

图1-18　压铸机工艺过程示意图

高速、高压、金属铸型是生产的主要特点。压力铸造大大提高了液态金属的充型能力,可铸造出形状复杂的薄壁铸件,并能直接铸造出细小的螺纹、孔、齿等,铸件的尺寸精度及表面质量较高,生产效率高,铸件不需机械加工便可直接使用,真正实现少切削或无切削。由于液态金属是在高压作用下结晶,铸件组织较密,表层紧实,因此铸件的强度和表面硬度较高,抗拉强度比砂铸件提高25%~30%。但是由于液态金属充型速度快、凝固快、补缩困难,型腔内的气体难以排出,常在铸件的表层下出现充满高压气体的小孔和缩松等缺陷,所以,一般情况下,压铸件不能进行热处理,也不建议进行机械加工,以避免铸件表面显示出铸造缺陷。

4. 低压铸造

金属液在比较低的压力(一般为20~60kPa)下充填铸模型腔,并在该压力下凝固成型的方法称为低压铸造。与前面所述的压铸方法所不同的是,除了压力较低外,铸造所用的铸型可以是金属型、砂型、石膏型、石墨型等,但一般采用金属型,或金属型与砂芯组合型。

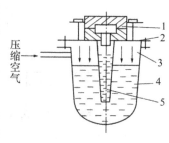

1—铸型;2—密封盖;3—坩埚;
4—金属液;5—升液管
图1-19 低压铸造示意图

图1-19所示为低压铸造示意图,铸型安置于密闭的坩埚上,浇注口与密封盖上的升液管相通。将低压干燥气体或惰性气体通往密闭坩埚,液态金属随即在低压气体的作用下,由升液管压入铸型,铸件凝固后,放掉坩埚内的气体,多余的液态金属由升液管和浇注口流回坩埚,最后打开上型,用顶杆顶出铸件。

低压铸造充型平衡,并且金属液的流向与气流方向一致,因此可有效减少气孔、夹渣等铸造缺陷,符合定向凝固原则。铸件组织致密,力学性能高。由于补缩效果好,铸件省去了浇、冒口,金属的利用率提高到95%以上。其缺点是坩埚和升液管长期受金属液的浸蚀,使用寿命较短。

5. 离心铸造

将金属液浇入旋转的铸型中,使之在离心力作用下充填铸型并凝固成形的铸造方法,称为离心铸造。

根据铸型旋转空间位置的不同,常用的离心铸造机有立式和卧式两类。铸型绕垂直轴旋转的称为立式离心铸造,铸型绕水平轴旋转的称为卧式离心铸造。如图1-20所示为离心铸造的铸件成形过程。将熔融金属浇入绕水平、倾斜或立轴旋转的铸型,在离心力作用下,凝固成型的铸件轴线与旋转铸型轴线重合。

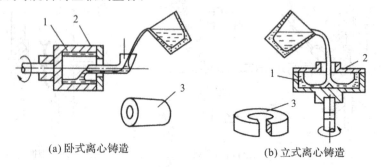

(a) 卧式离心铸造 (b) 立式离心铸造

1—成型金属液;2—铸型;3—铸件
图1-20 离心铸造及铸件成型过程

用离心铸造生产空心旋转体铸件,不需要型芯和浇注系统,省工省料,生产率较高。铸件在离心力的作用下凝固成型,致密性好,铸件内部不易产生缩孔、气孔、渣气孔等缺陷。金属型冷却快,铸件晶粒细小,因而力学性能较高。金属液的充型能力好,可以铸造薄壁铸件和流动性差的合金铸件。

离心铸造的缺点是铸件的表面质量较差,铸件内孔直径尺寸不准确,内表面粗糙,加工余量大,在浇注冷凝过程中,密度较大的组织容易集中于表层,产生化学成分不均匀的缺陷,容易产生偏析的合金,如铅青铜就不能用离心铸造法生产铸件。

离心铸造多用于浇注各种金属的圆管状铸件,如各种套、环、管等铸件,以及可以铸造各种组织要求致密、强度要求较高的成型铸件,如小叶轮、成型刃具等。

(四)铸造常见缺陷及分析

由于铸件生产的工序繁多,产生缺陷的原因相当复杂。表1-6列出了一些常见的铸件缺陷及其产生的原因。

表1-6 常见的铸件缺陷及其产生的原因

类别	缺陷名称和特征	原因分析
孔眼	气孔:铸件内部或表面有大小不等的孔眼,孔的内壁光滑,多呈圆形	(1)砂被舂得太紧或型砂透气性差; (2)型砂太湿,起模、修型时刷水过多; (3)型芯通气孔堵塞或砂芯未烘干; (4)浇注系统不正确,气体排不出去
孔眼	缩孔:铸件厚断面处出现对称性的孔眼,孔的内壁粗糙	(1)冒口设置得不正确; (2)合金成分不合格,收缩过大; (3)浇注温度过高; (4)铸件设计不合理,无法进行补缩
孔眼	砂眼:铸件内部或表面有充满砂粒的孔眼,孔形不规则	(1)型砂强度不够或局部没舂紧,掉砂; (2)型腔、浇口内散砂未吹干净; (3)合箱时砂型局部挤坏,掉砂; (4)浇注系统不合理,冲坏砂芯型
孔眼	渣眼:铸件内充满熔渣,孔形不规则	(1)浇注温度太低,渣子不容易上浮; (2)浇注时没挡住渣子; (3)浇注系统不正确,挡渣作用差
表面缺陷	冷隔:铸件上有未完全融合的缝隙,接头处圆滑	(1)浇注温度过低; (2)浇注时断流或浇注速度太慢; (3)浇口位置不当或浇口太小
表面缺陷	黏砂:铸件表面黏着一层难以除掉的砂粒	(1)砂型舂的太松; (2)浇注温度太高; (3)型砂通气性过高

续表

类别	缺陷名称和特征		原因分析
形状尺寸不合格	夹砂：铸件表面有一层凸起的金属片状物，表面粗糙		(1)型砂受热膨胀,表面鼓起或开裂； (2)型砂热湿强度较低； (3)砂型局部过紧,水分过多； (4)内浇口过于集中,使局部砂型烘烤厉害； (5)浇注温度过高,浇注速度太慢
形状尺寸不合格	偏芯：铸件局部形状和尺寸由于砂芯位置偏移而变动		(1)砂芯变形； (2)下芯时放偏； (3)砂芯没固定好,浇注时被冲偏
形状尺寸不合格	浇不足：铸件未充满,致使形状不完整		(1)浇注温度过低； (2)浇注时金属液不够； (3)浇口太小或未开出气口
形状尺寸不合格	错箱：铸件在分型面处错开		(1)合箱时上、下箱未对准； (2)定位销或泥记号不准； (3)造型时上、下型未对准
裂纹	热裂：铸件开裂,裂纹处表面氧化,呈蓝色冷裂,裂纹处表面氧化,并发亮		(1)铸件设计不合理,壁厚差别大； (2)合金化学成分不当,收缩大； (3)砂型(芯)退让性差,阻碍铸件收缩； (4)浇注系统开设不当,使铸件各部分冷却及收缩不均匀,造成过大内应力

二、锻造生产

(一)概述

金属的锻造性能以其塑性和变形抗力综合衡量。金属的塑性越好，变形抗力越小，它的锻压性能就越好。

金属的锻造性能首先取决于其化学成分和组织结构。不同化学成分的金属锻造性能不同，一般纯金属的锻造性能优于合金，钢中的碳质量分数越低，锻造性能越好。金属内部的组织结构不同，其锻造性能差别也很大，均匀细小的组织结构比粗晶粒组织锻造性能好。金属的锻造性能同时还与金属的温度状态、变形时内部的应力状态及变形速度等加工条件有关。钢、铜、铝可用来锻造而铸铁则不能。锻造的特点是锻件质量高、节约金属、生产率比较高，但锻造劳动强度大，也不能像铸造那样，生产出形状极其复杂的毛坯。目前锻件的精度，表面粗糙度都比较低，所以大多数的锻件要经过机械加工后才能成为装配使用的零件。锻造可分为自由锻和模锻。

(1)自由锻。它适用于单件和小批量生产，其中手工自由锻在现代工业生产中已被机器自由锻取代。一般中、小型锻件采用锤上自由锻，大型锻件要在液压机上锻造。液压机是以液体产生的静压力使坯料变形的。

(2)模锻。生产每一种锻件都要制造一副至几副专用的模具,因而模锻只适用于大批量生产。目前在我国,锤上模锻是模锻的主要方法,而压力机上模锻具有更高的生产率和更好的模锻质量,但设备投资较高。胎膜锻是一种介于自由锻和模锻之间的锻造方法,即采用简单模具,在自由锻设备上生产小型模锻件,适用于中、小批量的生产条件。

(二)自由锻

自由锻是利用冲击力或压力使金属在两个砧间产生塑性变形,从而得到所需锻件的压力加工方法。由于金属坯料在砧间受力变形可以沿变形方向自由流动,不受限制,因此称为自由锻。

自由锻通常采用热变形,常以逐段变形的方式来达到成形的目的,自由锻工具简单,只能锻造形状简单的锻件,生产率低,劳动强度大,锻件精度差、表面粗糙、加工余量大。自由锻只适用于单件、小批量生产。自由锻是大型锻件唯一可行的锻造方法。

1.自由锻设备

根据对锻件的作用力分为锻锤和液压机。锻锤通过冲击力使金属变形。液压机是以静压力使金属变形的,工作时无震动,变形速度低(水压机上砧速度约为0.1~0.3m/s,锻锤锤头速度可达7~8m/s),有利于改善材料的可锻性,并容易达到较大的锻透深度;常用于大型锻件的生产,所锻钢锭质量可达几百吨。液压机的吨位是用所能产生的最大压力来表示的,一般为5~150MN。

空气锤(见图1-21)的工作原理是电动机的转动通过减速系统带动曲柄转动,曲柄转动使连杆推动压缩汽缸内的活塞做上下往复运动,活塞将空气压缩,通过上、下气阀使压缩空气交替进入工作气缸的上部,上部空气推动活塞连同锤杆和上砧做上下往复运动进行工作。工作时,通过操纵脚踏杆(或操纵手柄)控制旋阀的位置,可以获得连续的打击或单次打击、上悬、下压等动作。空气锤的吨位是以其下落部分即工作活塞、锤杆、上砧的重量来表示的,通常为55~1 000kg,锤头的行程和打击能量的大小可以通过改变旋阀转角的大小来控制。空气锤的下砧是安装在砧垫上的,工件放置在上下砧间,靠上砧的冲击力成形。

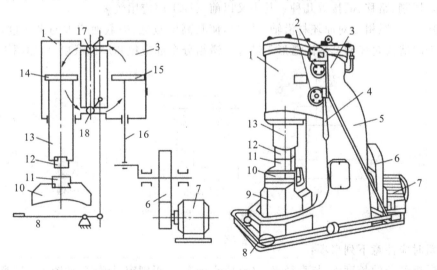

1—工作缸;2—旋阀;3—压缩缸;4—手柄;5—锤身;6—减速机构;7—电动机;8—脚踏杆;9—砧座;10—砧垫;11—下砧块;12—上砧块;13—锤杆;14—工作活塞;15—压缩活塞;16—连杆;17—上旋阀;18—下旋阀

图1-21 空气锤

由于空气锤的锻击能量较小,生产中对于大、中型锻件常用蒸汽-空气锤进行锻造,蒸汽-空气锤既可用作自由锻,又可用作模锻。蒸汽-空气锤的外形和结构有单柱式和双柱式两种,双柱式蒸汽-空气锤的外形和结构如图1-22所示。蒸汽-空气锤的工作原理是进气管的蒸汽进入滑阀,通过上气道进入工作缸上部,使活塞、锤杆和锤头向下运动进行锤击,而工作缸下部的气体由下气管排出。当滑阀到下面位置时,锤头上升。

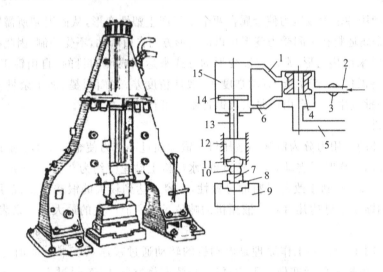

1—上气道;2—进气管;3—节气阀;4—滑阀;5—排气管;6—下气道;7—下砧;8—砧垫;9—砧座;
10—坯料;11—上砧;12—锤头;13—锤杆;14—活塞;15—工作缸

图1-22 蒸汽-空气锤

2. 自由锻的基本工序

根据锻件的变形性质和变形程度的不同,自由锻的基本工序有镦粗、拔长、冲孔、弯曲、扭转、错移、切割、错移、锻接等几种。其中又以前三种工序应用较多。

(1)镦粗。镦粗是对原坯料沿轴向锻打,使其高度减低、横截面增大的操作过程。这种工序常用于锻造齿轮坯和其他圆盘形类锻件。镦粗分全部镦粗和局部镦粗等,如图1-23所示。

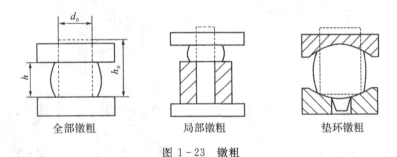

图1-23 镦粗

镦粗时应注意下列事项:

1)镦粗部分的长度 h_0 与直径 d_0 之比应小于2.5,否则容易镦弯,如图1-24所示。

2)镦粗力要足够大,否则会形成细腰形或夹层,如图1-25所示。图1-25(a)为形成细腰形,图1-25(b)为形成夹层。

3) 坯料端面要平整且与轴线垂直,锻打用力要正,否则容易锻歪。

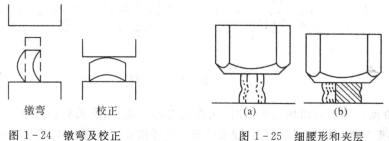

图 1-24 镦弯及校正　　　　图 1-25 细腰形和夹层

(2) 拔长。拔长是使坯料的长度增加、截面减小的锻造工序,通常用来生产轴类件毛坯,如车床主轴、连杆等。拔长有平砧拔长、芯棒扩孔等,如图 1-26 所示。

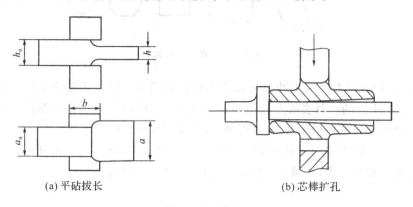

(a) 平砧拔长　　　　　　　(b) 芯棒扩孔

图 1-26 拔长

如果是拔长空心轴类零件,坯料应先镦粗,然后冲孔,再套上芯轴进行拔长,如图 1-27 所示。

拔长时,每次的送进量应为砧宽的 3/10～7/10,若送进量太大,则金属横向流动多,纵向流动少,拔长效率反而下降。若送进量太小,又易产生夹层,如图 1-28 所示。图 1-28(a) 为合适的送进量,图 1-28(b) 为送进量太大,效率较低,图 1-28(c) 为送进量太小,易产生夹层。

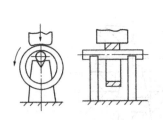
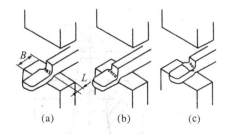

图 1-27 中空零件的拔长　　　图 1-28 拔长的送进量

拔长过程中应做 90° 翻转,如图 1-29 所示,较重锻件[见图 1-29(a)]常采用锻打完一面再翻转 90° 锻打另一面的方法,较小锻件[见图 1-29(b)]则采用来回翻转 90° 的锻打方法。

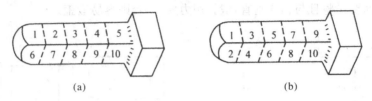

图 1-29 拔长时坯料的翻转方法

图 1-30 所示圆形截面坯料拔长时,先锻成方形截面,在拔长到边长直径接近锻件直径时,锻成八角形截面,最后倒棱滚打成圆形截面。这样拔长效率高,且能避免引起中心裂纹。

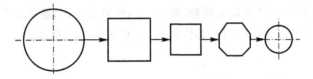

图 1-30 圆形截面拔长

(3)冲孔。用冲子在坯料上冲出通孔或不通孔的锻造工序。实心冲子双面冲孔如图 1-31 所示,在镦粗平整的坯料表面上先预冲一凹坑,放少许煤粉,再继续冲至约 3/4 深度时,借助于煤粉燃烧的膨胀气体取出冲子,翻转坯料,从反面将孔冲透。

单面冲孔法。厚度小的坯料可采用单面冲孔法,冲孔时,坯料置于垫环上,将一略带锥度的冲头大端对准冲孔位置,用锤击方法打入坯料,直至孔穿透为止。图 1-32 所示为单面冲孔示意图。

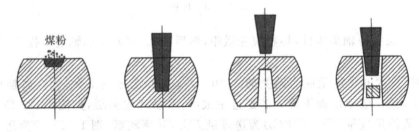

图 1-31 实心冲子双面冲孔

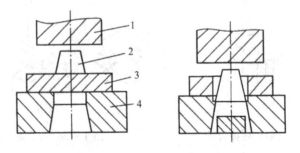

1—冲头;2—冲子;3—工件;4—垫环
图 1-32 单面冲孔

(4)弯曲。弯曲是使坯料弯曲成一定角度或形状的锻造工序,图 1-33 所示为弯曲示意图。

(5)扭转。使坯料的一部分相对另一部分旋转一定角度的锻造工序,图 1-34 所示为扭转示意图。

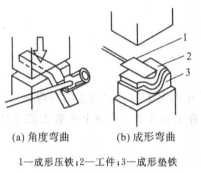
(a) 角度弯曲　(b) 成形弯曲
1—成形压铁;2—工件;3—成形垫铁
图 1-33　弯曲

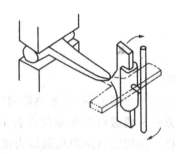
图 1-34　扭转

(6)切割。切割是将坯料分成几部分或部分地割开,或从坯料的外部割掉一部分,或从内部割出一部分的锻造工序。图 1-35 所示为切割示意图。

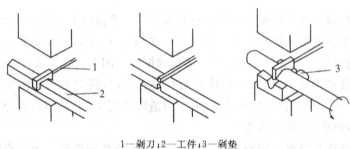
1—剁刀;2—工件;3—剁垫
图 1-35　切割

(7)错移。将坯料的一部分相对另一部分平行错开一段距离,但仍保持轴心平行的锻造工序(见图 1-36),常用于锻造曲轴零件。错移时,先对坯料进行局部切割,然后在切口两侧分别施加大小相等、方向相反且垂直于轴线的冲击力或压力,实现坯料错移。

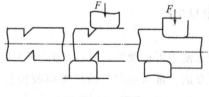
图 1-36　错移

(8)锻接。坯料在炉内加热至高温后,用锤快击,使两者在固态结合在一起的锻造工序。锻接的方法有搭接、对接、咬接等,锻接后的接缝强度可达被连接材料强度的 70%~80%,如图 1-37 所示。

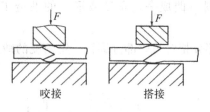

图 1-37 锻接

(三)模锻

模锻全称为模型锻造,将加热后的坯料放置在固定于模锻设备上的锻模内,使坯料受压锻造成形的方法。模锻可以在多种设备上进行。在工业生产中,锤上模锻大都采用蒸汽-空气锤。压力机上的模锻常用热模锻压力机。

与自由锻比较,模锻具有模锻件尺寸精度高、形状可以很复杂、质量好、节省金属和生产率高等优点。此外,在大批量生产时,模锻件的成本较低。其不足之处是只能锻造质量较小的锻件,模锻设备投资大,在小批量生产时模锻不经济,工艺灵活性不如自由锻。

模锻分胎模锻和模锻两类。

1. 模锻

模锻时使坯料成形而获得模锻件的工具称为锻模。锻模由上模和下模组成。由于锻件从坯料到成形须经多次变形才能得到符合要求的形状和尺寸,所以锻模通常有多个模膛。根据作用不同,模锻的锻模结构有单模膛锻模和多模膛锻模。图 1-38 所示为单模膛锻模,它用燕尾槽和斜楔配合使锻模固定,以防止锻模脱出和左右移动,用键和键槽的配合使锻模定位准确,并防止前后移动。单模膛一般为终锻模膛,锻造时常需空气锤制坯,再经终锻模膛的多次锤击成形,最后取出锻件,切除飞边。

模锻模膛是锻件最终成形的模膛,它包括预锻模膛和终锻模膛。预锻模膛是复杂锻件制坯以后预锻变形用的模膛,目的是使毛坯形状和尺寸更接近锻件,在终锻时更容易充填终锻模膛,同时改善坯料锻造时的流动条件和提高终锻模膛的使用寿命。终锻模膛是使坯料最后成形得到与锻件图一致的锻件的模膛。为了使终锻时锤击力比较集中,锻件受力均匀及防止偏心、错移等缺陷,终锻模膛一般设置在锻模的居中位置。

模锻的生产率和锻件精度比自由锻高,可锻造形状较复杂的锻件,但要有专用设备,且模具制造成本高,只适用于大批量生产。

2. 胎模锻

胎模锻是在自由锻设备上使用可移动的模具(称为胎模)生产模锻件的方法,它是介于自由锻和模锻之间的一种锻造方法。常采用自由锻的镦粗或拔长等工序初步制坯,然后在胎模内终锻成形。

胎模的结构简单且形式较多。图 1-39 所示为其中一种合模,它由上、下模块组成,模块间的空腔称为模膛,模块上的导销和销孔可使上、下模膛对准,手柄供搬动模块用。

胎模锻同时具有自由锻和模锻的某些特点。与模锻相比,不需昂贵的模锻设备,模具制造简单且成本较低,但不如模锻精度高,且劳动强度大、胎膜寿命低、生产率低。与自由锻相比,坯料最终是在胎膜的模膛内成形,可以获得形状较复杂,锻造质量和生产率较高的锻件。由于胎膜锻所用的设备和模具比较简单、工艺灵活多变,在小型锻件的中、小批生产得到广泛应用。

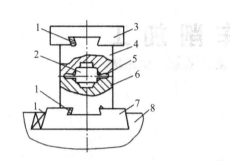

1—楔铁;2—模膛;3—锤头;4—上模;
5—毛边槽;6—下模;7—模垫;8—砧座

图1-38 单模膛锻模

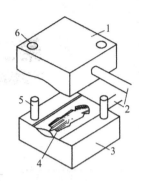

1—上模块;2—手柄;3—下模块;
4—模膛;5—导销;6—销孔

图1-39 胎模

常用的胎膜结构有扣模、合模、套筒模、摔模和弯模等。

(1)扣模。用于对坯料进行全部或局部扣形,如图1-40(a)所示,主要生产长杆非回转体锻件,也可为合模锻造制坯。用扣模锻造时毛坯不转动。

(2)合模。通常由上模和下模组成,如图1-40(b)所示,主要用于生产形状复杂的非回转体锻件,如连杆、叉形锻件等。

(3)套筒模。简称"筒模"或"套模",锻模呈套筒形,可分为开式筒模[见图1-41(a)]和闭式筒模[见图1-41(b)]两种,主要用于锻造法兰盘、齿轮等回转体锻件的锻造。

胎模锻造所用胎模不固定在锤头或砧座上,按加工过程需要,可随时放在上、下砧铁上进行锻造,也可随时搬下来。锻造时,先把下模放在下砧铁上,再把加热的坯料放在模膛内,然后合上上模,用锻锤锻打上模背部。待上、下模接触,坯料便在模膛内锻成锻件。

胎模锻一般先采用自由锻制坯,然后在胎模锻模中终锻成型,锻件的形状和尺寸主要靠胎模的型槽来保证。

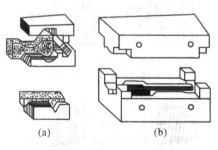

(a)　　　　　　(b)

图1-40 扣模和合模的结构

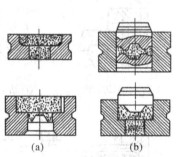

(a)　　　　(b)

图1-41 套筒模的结构

第二章 车削加工

第一节 概述

车削加工是机械加工中应用最为广泛的方法之一。在机械加工车间中,车床约占机床总数的一半。无论是在成批大量生产,还是在单件小批量生产及在机械的维护修理方面,车削加工都占有重要的地位。

车削加工是在车床上用车刀对工件进行加工的过程。车削加工是金属切削加工中最常见的工种,也是最基本的加工方法之一。车床加工精度尺寸可达IT9~IT7,表面粗糙度 $Ra= 6.3~1.6\mu m$。车床的加工范围较广,主要用于加工内外圆柱面、圆锥面、端面、成形回转面以及内外螺纹和蜗杆等,如图2-1所示。

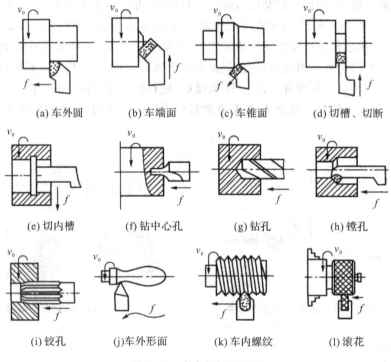

(a) 车外圆　　(b) 车端面　　(c) 车锥面　　(d) 切槽、切断

(e) 切内槽　　(f) 钻中心孔　　(g) 钻孔　　(h) 镗孔

(i) 铰孔　　(j) 车外形面　　(k) 车内螺纹　　(l) 滚花

图2-1　车床的加工范围

车削加工与其他切削加工方法比有很多优点,如车削适应性强,应用广泛,能加工不同材质、不同精度的各种零件;车削加工所用的刀具简单,制造、刃磨和安装方便;车削加工过程平

稳;生产率较高等。

第二节 普通车床

一、车床主要组成部件

普通车床的主要组成部分,如图 2-2 所示。

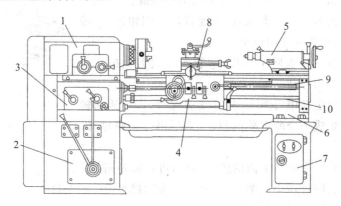

1—主轴箱;2—变速箱;3—进给箱;4—溜板箱;5—尾架;6—床身;7—床腿;8—刀架;9—丝杠;10—光杠

图 2-2 普通车床组成图

(一)床头箱

床头箱又称主轴箱,用来支撑和带动车床主轴的转动,内装主轴和变速机构。电动机的运动经 V 形带传动传给主轴箱,通过主轴箱内的变速机构,使主轴得到不同的转速。变速是通过改变设在床头箱外面的手柄位置,可使主轴获得不同的转速。主轴是空心结构,能通过长棒料。主轴的右端有外螺纹,用以连接卡盘、拨盘等附件。主轴右端的内表面是莫氏 5 号的锥孔,可插入锥套和顶尖,当采用顶尖并与尾架中的顶尖同时使用安装轴类工件时,其两顶尖之间的最大距离为 750mm。床头箱的另一重要作用是将运动传给进给箱,并可改变进给方向。

(二)进给箱

进给箱又称走刀箱,它是进给运动的变速机构。它固定在床头箱下部的床身前侧面。变换进给箱外面的手柄位置,可将床头箱内主轴传递下来的运动,通过配换齿轮传递过来的转动分别传递给光杆或丝杆,使光杆或丝杆获得不同的转速,可按需要改变进给量的大小或车削不同螺距的螺纹。其纵向进给量为 0.06~0.83mm/r,横向进给量为 0.04~0.78mm/r,可车削 7 种公制螺纹(螺距为 0.5~9mm)和 32 种英制螺纹[每英寸 2~38 牙,1 英寸(ft)=2.54cm]。

(三)变速箱

变速箱安装在车床前床脚的内腔中,并由电动机通过联轴器直接驱动变速箱中齿轮传动轴。变速箱外设有两个长的手柄,可分别移动传动轴上的双联滑移齿轮和三联滑移齿轮,通过皮带传动至床头箱。

(四)溜板箱

溜板箱又称拖板箱,溜板箱是车床进给运动的操纵机构。它使光杠或丝杠的转动转化为刀架的进给,以车削不同的工件和车削螺纹。溜板箱上有3层滑板,当接通光杠时,可使床鞍带动中刀架、小刀架及刀架沿床身导轨做纵向移动;中刀架可带动小刀架及刀架沿床鞍上的导轨做横向移动。故刀架可做纵向或横向直线进给运动。当接通丝杠并闭合开合螺母时,可车削螺纹。溜板箱内设有互锁机构,使光杠、丝杠两者不能同时使用。

(五)刀架

它是用来装夹车刀,使车刀可做纵向、横向及斜向运动。刀架是多层结构,如图2-3所示,它由下列部件组成:

(1)大刀架。大刀架也叫大拖板,与溜板箱牢固相连,它带动车刀沿车床床身导轨做纵向移动。

(2)中刀架。中刀架也叫中滑板,它装置在大刀架顶面的横向导轨上,可做横向移动。

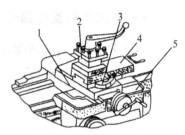

1—中刀架;2—方刀架;3—转盘;
4—小刀架;5—大刀架
图2-3 刀架

(3)转盘。它固定在中刀架上,松开紧固螺母后,可转动转盘,使它和床身导轨成一个所需要的角度,而后再拧紧螺母,以加工圆锥面等。

(4)小刀架。它装在转盘上面的燕尾槽内,可做短距离的进给移动。

(5)方刀架。它固定在小刀架上,可同时装夹四把车刀。松开锁紧手柄,即可转动方刀架,把所需要的车刀更换到工作位置上。

(六)尾座

如图2-4所示,它用于安装后顶尖,以支持较长工件进行加工,或安装钻头、铰刀等刀具进行孔加工。偏移尾座可以车出长工件的锥体。尾座的结构由以下部分组成。

(1)套筒。其左端有锥孔,用以安装顶尖或锥柄刀具。套筒在尾座体内的轴向位置可用手轮调节,并可用锁紧手柄固定。将套筒退至极右位置时,即可卸出顶尖或刀具。

(2)尾座体。它与底板相连,当松开固定螺钉,拧动调节螺钉可使尾座体在底板上做微量横向移动,如图2-5所示,以便使前后顶尖对准中心或偏移一定距离车削长锥面。

(3)底板。它直接安装于床身导轨上,用以支承尾座体。

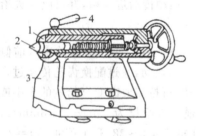

1—套筒;2—顶尖;3—尾座体;4—套筒缩紧手柄
图2-4 尾座示意图

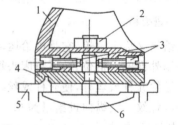

1—尾座体;2—固定螺钉;3—调节螺钉;
4—尾座体;5—机床导轨;6—底板
图2-5 尾座体横向调节

(七)光杠与丝杠

将进给箱的运动传至溜板箱。光杠用于一般车削,丝杆用于车螺纹。

(八)床身

它是车床的基础件,用来连接各主要部件并保证各部件在运动时有正确的相对位置。在床身上有供溜板箱和尾座移动用的导轨。

(九)前床脚和后床脚

前床脚和后床脚是用来支承和连接车床各零部件的基础构件,床脚用地脚螺栓紧固在地基上。车床的变速箱与电动机安装在前床脚内腔中,车床的电气控制系统安装在后床脚内腔中。

二、车床的传动路线

车床的传动路线指从电动机到主轴或刀架之间的运动传递路线,图2-6所示为普通车床的传动路线。

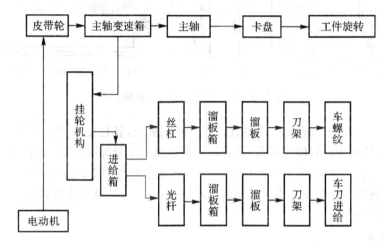

图2-6 车床的传动路线

三、车床附件及工装设备

车床主要是用于加工回转面,如轴类零件和盘套类零件,有时也加工不规则零件上的孔及端面。为保证工件位置准确,并夹紧工件以承受切削力,进行车削加工时,要利用各种附件安装和夹紧不同形状的零件。车床上常备有三爪卡盘、四爪卡盘、顶尖、中心架、跟刀架和心轴等附件。

(一)三爪卡盘

三爪卡盘是车床最常用的附件,如图2-7所示,由法兰盘内的螺钉直接安装在主轴上。

三爪卡盘又称自定心卡盘,从图2-7可以看出,在一个大圆锥形齿轮的背面加工有平面螺纹。当旋转小圆锥形齿轮时,带动大圆锥齿轮转动,大锥齿轮背面的平面矩形螺纹和活动卡爪相啮合,这样就使3个卡

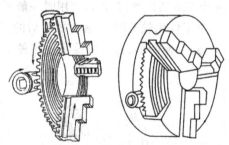

图2-7 三爪卡盘

爪同时等速向中心移动或退出。因为平面矩形螺纹的螺距相等,所以三爪运动距离相等,有自动定心兼夹紧的作用。其装夹工作方便,但定心精度不高,传递的扭矩也不大,工件上同轴度要求较高的表面,应尽可能在一次装夹中车出。故三爪卡盘适于夹持圆柱形、六角形等中小

工件。

三个卡爪有正爪和反爪之分,有的卡盘可将卡爪反装即成反爪,当换上反爪即可安装较大直径的工件。装夹方法如图 2-8 所示。当工件直径较小时,工件置于 3 个长爪之间装夹,如图 2-8(a)所示。将 3 个卡爪伸入工件内孔中利用长爪的径向张力装夹盘、套、环状零件,如图 2-8(b)所示。当工件直径较大,用正爪不便装夹时,可将 3 个正爪换成反爪进行装夹,如图 2-8(c)所示。当工件长度大于 4 倍直径时,应在工件右端用尾架顶尖支撑,如图 2-8(d)所示。

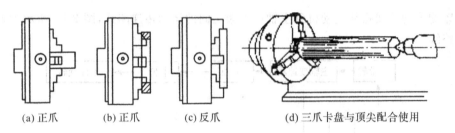

(a) 正爪　　(b) 正爪　　(c) 反爪　　(d) 三爪卡盘与顶尖配合使用

图 2-8　用三爪卡盘装夹工件的方法

用三爪卡盘装夹工件时,先将工件在 3 个卡爪间放正,轻轻夹紧,然后开动机床,使主轴低速旋转,检查工件有无歪斜偏摆现象,若有歪斜偏摆做好记号并应停车,用小锤轻敲校正,然后紧固工件。紧固后,必须取下扳手。移动车刀至车削行程的左端。停车,用手旋转卡盘,检查刀架是否与卡盘或工件碰撞。将车刀移到车削行程最右端,调整好主轴转速和切削用量后,开动车床,进行切削加工。

(二)四爪卡盘

四爪卡盘也是车床常用的附件,其固定位置与三爪卡盘相同,四爪卡盘 4 个独立分布的卡爪可独立移动,因此卡爪可全部用正爪或反爪装夹工件,也可用一个或两个反爪而其余用正爪。四爪卡盘上的 4 个爪可分别通过转动螺杆而实现单动。四爪卡盘的夹紧力大,适用于夹持较大的圆柱形、椭圆形、方形或形状不规则工件,还可以将圆形截面工件偏心安装加工出偏心孔和偏心轴。

因四爪卡盘的 4 个卡爪不能联动,要使工件的中心和主轴中心对中,需要分别仔细地调整 4 个卡爪的位置(找正),使用时一般要与划针盘、百分表配合进行工件找正,如图 2-9 所示。装夹工件比较费时,但通过找正后的工件,其安装精密较高,夹紧可靠。四爪卡盘主要用来夹持方形、椭圆形、长方形及其他各种不规则形状的工件,有时也可用来夹持尺寸较大的圆形工件。

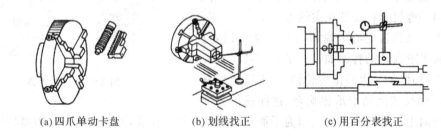

(a) 四爪单动卡盘　　(b) 划线找正　　(c) 用百分表找正

图 2-9　四爪单动卡盘及其找正

(三)顶尖

顶尖是车削较长或工序较多的轴类零件常用的夹具,根据车削的目的(粗车或精车)不同,可采用不同的装夹方法。

1. 顶尖结构与安装方法

常用的顶尖有死顶尖和活顶尖两种结构,如图 2-10 所示。顶尖头部是带有 60°锥角的尖端,靠其顶入工件的中心孔内支承工件;顶尖的尾部是莫氏锥体,安装在主轴孔内(一般称其为前顶尖)或尾座套筒的锥孔内(后顶尖)。前顶尖采用死顶尖,后顶尖易磨损,在高速切削时常采用活顶尖。

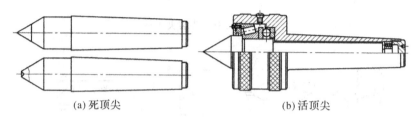

(a)死顶尖　　　　　(b)活顶尖

图 2-10　顶尖

2. 一顶一夹装夹工件

在车削轴类零件,特别是长度伸出较长,端部刚性较差的较重工件,常采用一夹一顶的方法装夹,为了防止工件轴向位移,常在卡盘内装一限位支撑或利用工件的台阶作限位,如图 2-11 所示。一顶一夹的方法装夹工件,使夹持稳固,轴向定位准确,安全,能承受较大的切削力,但定心精度较低,尾座中心线与主轴中心线易产生偏移,车削时轴向容易产生锥度,如果不采用轴向限位支撑,加工时必须要随时注意后顶尖支顶的松紧情况,并及时调整后顶尖的支顶,以防发生事故。

一夹一顶装夹是车削轴类零件最常用的方法,常用于加工精度不高的长轴和初车及半精车。

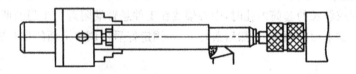

图 2-11　一顶一夹装夹工件

3. 工件在两顶尖之间的安装

对于较长或加工工序较多的轴类工件,为保证工件同轴度要求,常采用两顶尖装夹的方法,如图 2-12 所示。工件支承在前、后两顶尖间,由拨盘、卡箍带动工件旋转,前顶尖装在主轴锥孔内,与主轴一起旋转,后顶尖装在尾架锥孔内固定不转。有时亦可用三爪卡盘代替拨盘,此时前顶尖用一段钢棒车成,夹在三爪卡盘上,卡盘的卡爪通过卡箍(或鸡心夹头)带动工件旋转。

用顶尖装夹工件,必须在工件端面上钻出中心孔。中心孔一般是在车床或钻床上用标准中心钻加工成的,加工前应将轴端面车平。常用的中心孔有普通中心孔和双锥面中心孔,如图 2-13 所示,中心孔的 60°锥面是和顶尖的锥面相配合,前面的小圆锥孔是为了保证顶尖和中心孔锥面能紧密接触,并储存润滑油。双锥面顶尖孔是由两个锥面组成,外锥面的角度120°是为防止60°锥面被破坏而影响与顶尖的配合。

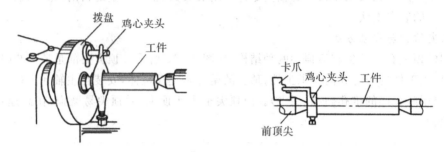

图2-12 双顶尖装夹工件

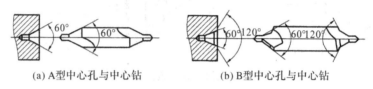

图2-13 中心孔类型及中心钻

中心孔的尺寸大小根据工件质量、直径大小来决定,大且重的工件应选择较大的中心孔。

(四)中心架和跟刀架

当车削长度为直径20倍以上的细长轴或端面带有深孔的细长工件时,由于工件本身的刚性很差,当受切削力的作用时,往往容易产生弯曲变形和振动,容易把工件车成两头细中间粗的腰鼓形。为防止上述现象发生,需要附加辅助支承,即中心架或跟刀架。

1. 中心架

中心架主要用于加工有台阶或需要调头车削的细长轴以及端面、沟槽和内孔,如图2-14所示。中心架固定在床身导轨上,有3个支承爪,主要用于支承细长轴。车细长轴时,中心架装在轴的中部;车端面或较长的套筒内孔时,中心架装在工件悬臂端附近。车削前调整其3个爪与工件轻轻接触,先调整下面的两个爪,然后盖好上盖,固定好后再调整上面的爪并加上润滑油。

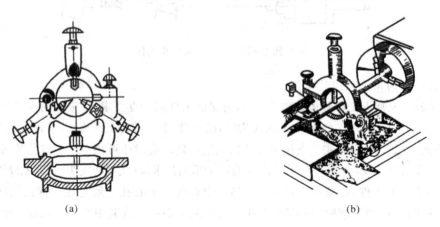

图2-14 中心架及应用中心架车长轴的端面

使用中心架车细长轴时,安装中心架所需要的辅助时间较多,而且一般还要接刀,加工较复杂,在车削时,还要随时观察中心架的松紧,以防止将工件拉毛和摩擦发热。

2. 跟刀架

对不适宜调头车削的细长轴,不能用中心架支承,而要用跟刀架支承进行车削,以增加工件的刚性,如图2-15所示。

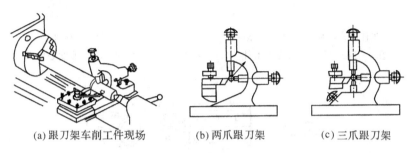

(a) 跟刀架车削工件现场　　(b) 两爪跟刀架　　(c) 三爪跟刀架

图2-15　用跟刀架车削工件

跟刀架固定在床鞍上,一般有两个支承爪,它可以跟随车刀移动,抵消径向切削力,提高车削细长轴的形状精度和减小表面粗糙度。图2-15(a)所示为两爪跟刀架,此时车刀给工件的切削抗力使工件贴在跟刀架的两个支承爪上,但由于工件本身的重力以及偶然的弯曲,车削时工件会瞬时离开和接触支承爪,因而产生振动。比较理想的中心架是三爪中心架,由三爪和车刀抵住工件,使之上下左右都不能移动,车削时工件就比较稳定,不易产生振动,如图2-15(b)所示。

(五) 心轴

对于有些形状复杂或位置精度要求较高的盘套类零件,可采用心轴装夹工件。此种装夹方法能保证零件的外圆与内孔的同轴度以及端面对于孔的垂直度等要求。用心轴装夹工件时,必须首先将工件的内孔精加工(IT9～IT7)出来并达到零件的技术要求,然后以孔作为定位基准将工件安装在心轴上,最后将心轴安装在前、后顶尖之间,完成后续加工。

心轴在前后顶尖上的安装方法与轴类零件相同。

心轴的种类很多,常用的有锥度心轴、圆柱心轴和可胀心轴。

(1) 圆柱心轴。圆柱心轴如图2-16所示,工件装入圆柱心轴后需加上垫圈,用螺母锁紧。其夹紧力较大,可用于较大直径盘类零件外圆的半精车和精车。圆柱心轴外圆与孔配合有一定间隙,对中性较锥度心轴差。使用圆柱心轴,工件两端面相对孔的轴线的端面跳动应在0.01mm以内。

(2) 锥度心轴。锥度心轴如图2-17所示,锥度为1∶2 000～1∶5 000。工件压入后,靠摩擦力与心轴固紧。锥度心轴对中准确,装卸方便,但不能承受过大的力矩,多用于盘套类零件外圆和端面的精车。

(3) 可胀心轴。可胀心轴如图2-18所示。工件装在可胀锥套上,拧紧螺母1,使锥套沿心轴锥体向左移动而引起直径增大,即可胀紧工件。拧松螺母1,再拧动螺母2来推动工件,即可将工件卸下。

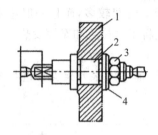 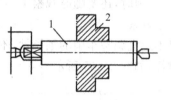

1—工件;2—心轴;3—螺母;4—垫圈 　　　　1—心轴;2—工件

图2-16 圆柱心轴装夹工件　　　图2-17 锥度心轴装夹工件

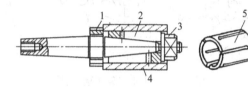

1—螺母;2—可胀心轴;3—螺母;4—工件;5—可胀锥套外形

图2-18 可胀心轴

四、车床操作要点

(一)刀架极限位置检查

(1)检查目的。检查刀架极限位置的目的是防止车刀切至左端极限位置时卡盘或卡爪碰撞刀架或车刀刃,如图2-19所示。图2-19(a)所示是车刀切至小外圆根部时,卡爪撞及小刀架导轨的情况,其原因是车刀伸出较短,小刀架向右位移太多。图2-19(b)及图2-19(c)是卡爪撞及车刀的情况。

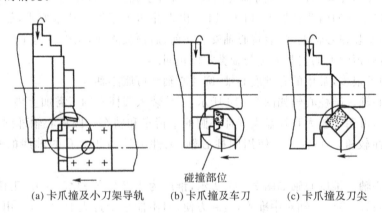

(a) 卡爪撞及小刀架导轨　　(b) 卡爪撞及车刀　　(c) 卡爪撞及刀尖

图2-19 车刀切至极限位置时的碰撞现象

(2)检查的方法。在工件和车刀安装之后,手摇刀架将车刀移至工件左端应切削的极限位置。用手缓慢转动卡盘,检查卡盘或卡爪有无撞及刀架或车刀的可能。若不会撞及,即可开始加工;否则,应对工件、小刀架或车刀的位置做适当的调整。

(二)刻度盘及其正确使用

(1)刻度盘的作用。中滑板及小刀架均有刻度盘,刻度盘的作用是为了在车削工件时能准确移动车刀,控制切深。中滑板的刻度盘与横向手柄均装在横丝杠的端部,中滑板和横丝杠的螺母紧固在一起,当横向移动手柄带动横丝杠和刻度盘转动一周时,螺母即带动中滑板移动一个螺距。因此,刻度盘每转一格,中滑板移动的距离=丝杠螺距/刻度盘格数(mm)。

加工外圆表面时,车刀向工件中心移动为进刀,手柄和刻度盘是顺时针旋转;车刀由中心向外移动为退刀,手柄和刻度盘是逆时针旋转。加工内圆表面时情况则相反。

(2)刻度盘的正确使用。由于丝杠与螺母之间有一定间隙,如果刻度盘多摇过几格[见图2-20(a)],不能直接退回几格[见图2-20(b)],必须反向摇回约半圈,消除全部间隙后再转到所需的位置[见图2-20(c)]。

(a) 要求转至30但摇过头成40　　(b) 错误:直接退至30　(c) 正确:反转约半圈后再转至30

图2-20　手柄摇过头后的纠正方法

小刀架刻度盘的作用、读数原理及使用方法与中滑板刻度盘相同。所不同的是小刀架刻度盘一般用来控制工件端面的切深量,利用刻度盘移动小刀架的距离就是工件长度的变动量。

(三)正确的车削步骤

车削时正确的车削步骤如图2-21所示。先开车再对车刀与工件的接触点[见图2-21(a)],是为了寻找毛坯面的最高点,也为防止工件在静止状态下与车刀接触,顶坏刀尖。如果只需走刀切削一次,即可省略图中(e)~(h);如需走刀切削多次则要重复进行(e)~(h)步。

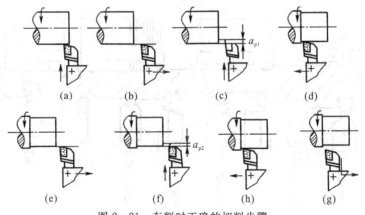

图2-21　车削时正确的切削步骤

车端面的切削步骤与上述相同,只是车刀运动方向不同。

第三节 车 刀

一、车刀种类与用途

车刀可根据不同的方法分为很多种类。

车刀按用途不同可分为外圆车刀、端面车刀、切断车刀、内孔车刀、圆头车刀和螺纹车刀，如图 2-22 所示。

(a) 外圆车刀　(b) 端面车刀　(c) 切断车刀　(d) 内孔车刀　(e) 圆头车刀　(f) 螺纹车刀

图 2-22　各种用途车刀

车刀按其结构的不同可分为整体式车刀、焊接式车刀、机夹式车刀和可转位式车刀，如图 2-23 所示。

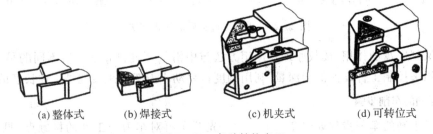

(a) 整体式　(b) 焊接式　(c) 机夹式　(d) 可转位式

图 2-23　各种结构车刀

常用车刀用途如图 2-24 所示。

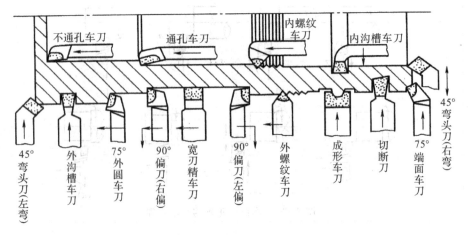

图 2-24　车刀各种用途

二、常用车刀材料

刀具的切削部分不但要承受切削过程中的高温、高压及冲击载荷,而且要受到切屑及工件的强烈摩擦,因此作为刀具切削部分的材料必须具有较高的硬度、耐磨性、耐热性及足够的强度、韧性,此外还必须有较好的冷热加工性能。对于车刀而言,当前使用的车刀材料有高速钢、硬质合金、硬质合金涂层、陶瓷及立方氮化硼等,其中,以高速钢和硬质合金材料的车刀应用最广。

(一)高速钢

高速钢又称锋钢或白钢,它是以钨、铬、钒、铝为主要合金元素的高合金工具钢。高速钢淬火后硬度为63~67HRC,其红硬温度为550~600℃,允许的切削速度为25~30m/min。高速钢有较高的抗弯强度和冲击韧性,可以进行铸造、锻造、焊接、热处理和零件的切削加工,有良好的磨削性能,刃磨质量较高,故多用来制造形状复杂的刀具,如钻头、铰刀、铣刀等,也常用作低速精加工车刀和成形车刀。常用的高速钢牌号为 W18Cr4V 和 W6Mo5Cr4V2 两种。

(二)硬质合金

硬质合金是用高耐磨性和高耐热性的 WC(碳化钨)、TiC(碳化钛)和 Co(钴)的粉末经高压成形后再进行高温烧结而制成的,其中 Co 起黏结作用,硬质合金的硬度为74~82HRC,有很高的红硬温度。在800~1 000℃的高温下仍能保持切削所需的硬度,硬质合金刀具切削一般钢件的切削速度可达100~300m/min,可用这种刀具进行高速切削。其缺点是韧性较差,较脆,不耐冲击。硬质合金一般制成各种形状的刀片,焊接或夹固在刀体上使用。常用的硬质合金有钨钴(YG)和钨钛钴(YT)两大类。

1. 钨钴类

钨钴类由碳化钨和钴组成,适用于加工铸铁、青铜等脆性材料。

常用牌号有 YG3,YG6,YG8 等,后面的数字表示含钴的质量分数。含钴量越高,其承受冲击的性能就越好。因此,YG8 常用于粗加工,YG6 和 YG3 常用于半精加工和精加工。

2. 钨钛钴类

钨钛钴类由碳化钨、碳化钛和钴组成,加入碳化钛可以增加合金的耐磨性,可以提高合金与塑性材料的黏结温度,减少刀具磨损,也可以提高硬度。但其韧性差,更脆,承受冲击的性能也较差,一般用来加工塑性材料,如各种钢材。

常用牌号有 YT5,YT15,YT30 等,后面数字是碳化钛质量分数的百分数,碳化钛的含量越高,红硬性越好,但钴的含量相应越低,韧性越差,越不耐冲击,所以 YT5 常用于粗加工,YT15 和 YT30 常用于半精加工和精加工。

(三)特种材料

1. 涂层刀具材料

这种材料是在韧性较好的硬质合金基体上或高速钢基体上,采用化学气相沉积(CVD)法或物理气相沉积(PVD)法涂覆一薄层硬质和耐磨性极高的难熔金属化合物而得到的刀具材料。常用的涂层材料有 TiC,TiN,Al_2O_3 等。

2. 陶瓷材料

其主要成分是 Al_2O_3 陶瓷刀片,其硬度可达78 HRC 以上,能耐1 200~1 450℃的高温,故能承受较高的切削温度。但其抗弯强度低,怕冲击,易崩刃。它主要用于钢、灰铸铁、淬火铸铁、球墨铸铁、耐热合金及高精度零件的精加工。

3. 金刚石

金刚石材料分为人造金刚石和天然金刚石两种。一般采用人造金刚石作为切削刀具材料。其硬度高,可达 10 000HV(一般的硬质合金仅为 1 300~1 800HV)。其耐磨性是硬质合金的 80~120 倍。但其韧性较差,对铁族亲和力大,因此一般不适合加工黑色金属,主要用于有色金属以及非金属材料的高速精加工。

4. 立方氮化硼

立方氮化硼(CBN)是人工合成的一种高硬度材料,其硬度可达 7 300~9 000HV,可耐 1 300~1 500℃的高温,与铁族亲和力小,但其强度低,焊接性差。目前主要用于加工淬硬钢、冷硬铸铁、高温合金和一些难加工的材料。

三、车刀的组成与几何角度

(一)车刀的组成

车刀由刀头和刀体两部分组成。刀头用于切削,刀体(夹持部分)用于安装。刀头一般由三面、两刃、一尖组成,如图 2-25 所示。

(1)前刀面:是切屑流经过的表面。

(2)主后刀面:是与工件切削表面相对的表面。

(3)副后刀面:是与工件已加工表面相对的表面。

(4)主切削刃:是前刀面与主后刀面的交线,担负主要的切削工作。

(5)副切削刃:是前刀面与副后刀面的交线,担负少量的切削工作,起一定的修光作用。

(6)刀尖:是主切削刃与副切削刃的相交部分,一般为一小段过渡圆弧。

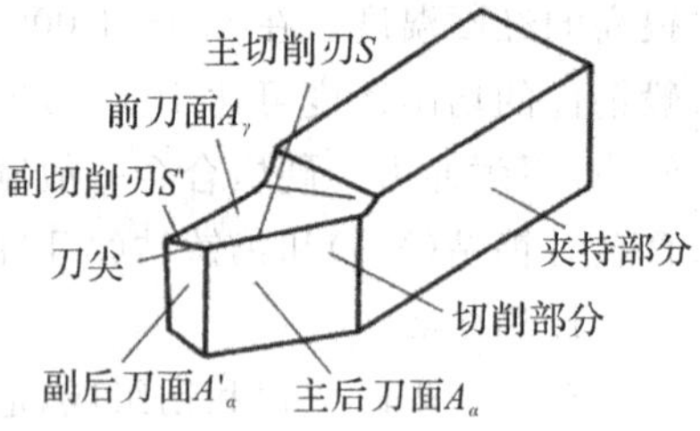

图 2-25 车刀的组成

(二)车刀的主要角度及其作用

为了确定车刀的角度,要建立三个坐标平面:基面 P_r、切削平面 P_s 和法平面 P_o 组成的参考系如图 2-26 所示。

(1)基面(P_r):指通过切削刃上的一个选定点而垂直于主运动方向的平面。对于车刀,这个选定点就是刀尖,而基面就是过刀尖而与刀柄安装平面平行的平面。

(2)切削平面(P_s):是指通过切削刃上的一个选定点而垂直于基面的平面。对于一般切削刃为直线的车刀,这个平面就是包含切削刃而与刀柄安装平面垂直的平面。

(3)正交平面(P_o):是指通过切削刃选定点并同时垂直于基面和切削平面的平面,也就是经过刀尖并垂直于切削刃在基面上投影的平面。

车刀的主要角度有前角(γ_0)、后角(α_0)、主偏角(κ_r)、副偏角(κ_r')和刃倾角(λ_s),如图 2-27 所示。

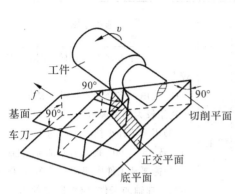

图 2-26 车刀的三个坐标平面　　图 2-27 车刀的主要角度

(1) 前角 γ_0：在主剖面中测量，是前刀面与基面之间的夹角。
(2) 后角 α_0：在主剖面中测量，是主后面与切削平面之间的夹角。
(3) 主偏角 κ_r：在基面中测量，是主切削刃在基面的投影与进给方向的夹角。
(4) 副偏角 κ_r'：在基面中测量，是副切削刃在基面上的投影与进给反方向的夹角。
(5) 刃倾角 λ_s。在切削平面中测量，是主切削刃与基面的夹角。

车刀的角度作用和选用原则见表 2-1。

表 2-1　角度作用和选用原则

刀具角度	定义	角度的作用	选用原则
前角	前刀面与基面之间的夹角	前角主要影响切屑变形和切削力的大小以及刀具耐用度和加工表面质量的高低。前角增大，可以使切屑变形和摩擦变小，故切削力小，切削热降低，加工表面质量高。但前角过大，刀具强度降低，耐用度下降。前角减小，刀具强度提高，切屑变形增大，易断屑。但前角过小，会使切削力和切削热增加，刀具耐用度也随之降低	(1) 工件材料：塑性材料选用较大的前角，脆性材料选用较小的前角。 (2) 刀具材料：高速钢选用较大的前角；硬质合金选用较小的前角，可取 $\gamma_0=10\sim20°$。 (3) 加工过程：精加工选用较大的前角，粗加工选用较小的前角
后角	主后面与切削平面之间的夹角	后角的主要功能是减小主后刀面与过渡表面层之间的摩擦，减轻刀具的磨损。后角减小，可使主后刀面与工件表面间的摩擦加剧，刀具磨损增大，工件冷硬程度增加，加工表面质量差。后角增大，则摩擦减小，刃口钝圆半径也减小，对切削厚度较小的情况有利，但使刀刃强度和散热情况变差	(1) 工件材料：工件硬度、强度较高以及脆性材料选用较小的后角。 (2) 加工过程：精加工选用较大的后角，粗加工选用较小的后角。 (3) 一般取 $\alpha_0=6\sim12°$

续表

刀具角度	定义	角度的作用	选用原则
主偏角	主切削刃在基面的投影与进给方向的夹角	主偏角可影响刀具耐用度、已加工表面粗糙度及切削力的大小。主偏角较小,刀片的强度高,散热条件好。参加切削的主切削刃长度长,作用在主切削刃上的平均切削负荷减小。但切削厚度小,断屑效果差	(1)加工淬火钢等硬质材料时,主偏角较大。 (2)使用硬质合金刀具进行精加工时,应选用较大的主偏角。 (3)用于单件小批量生产的车刀,主偏角应选45°或90°,提高刀具的通用性。 (4)需要从工件中间切入的车刀,例如加工阶梯轴的工件,应根据工件形状选择主偏角。 (5)车刀常用的主偏角有45°、60°、75°、90°等,其中45°较为多用
副偏角	副切削刃在基面上的投影与进给反方向的夹角	副偏角的功能在于减小副切削刃与已加工表面的摩擦。减小副偏角可提高刀具强度,改善散热条件,但可能增加副后刀面与已加工表面的摩擦,引起振动	(1)在不引起振动的情况下,应选较小的副偏角。 (2)精加工刀具的副偏角应更小一些。 (3)一般选取 $\kappa'_r = 5 \sim 15°$
刃倾角	主切削刃与基面的夹角	主要影响切屑流向和刀尖强度。刃倾角为正值,切削开始时刀尖与工件先接触,切屑流向待加工表面,可避免缠绕或划伤已加工表面,对半精车加工、精车加工有利。为负值,切削开始时刀尖后接触工件,切屑流向已加工表面,容易将已加工表面划伤;在粗加工开始,尤其是在断续切削时,可避免刀尖受冲击,起到保护刀尖的作用	(1)粗加工刀具刃倾角小于0°,使刀具具有良好的强度和散热条件。 (2)精加工刀具刃倾角大于0°,使切屑流向待加工表面,提高加工质量。 (3)断续切削刃倾角小于0°,提高刀具强度。 (4)工艺系统的整体刚性较差时,应选用数值较大的负刃倾角,以减小振动。 (5)一般在 $-5° \sim +5°$ 之间选取

(三)车刀的安装

车削前必须把选好的车刀正确安装在方刀架上,车刀安装的好坏,对操作顺利与加工质量都有很大的关系。安装车刀时应注意以下几点:

(1)车刀刀尖应与工件轴线等高:如果车刀装得太高,则车刀的主后面会与工件产生强烈的摩擦;如果装得太低,切削就不顺利,甚至工件会被抬起来,使工件从卡盘上掉下来,或把车刀折断。为了使车刀对准工件轴线,如图2-28所示,可按床尾架顶尖的高低进行调整。

(2)车刀不能伸出太长:因刀伸得太长,切削起来容易发生振动,使车出来的工件表面粗糙,甚至会把车刀折断。但也不宜伸出太短,太短会使车削不方便,容易发生刀架与卡盘碰撞。一般伸出长度不超过刀杆高度的1.5倍。

(3)每把车刀安装在刀架上时,一般会低于工件轴线,因此可用一些厚薄不同的垫片来调整车刀的高低,将刀的高低位置调整合适。垫片必须平整,其宽度应与刀杆一样,长度应与刀杆被夹持部分一样,同时应尽可能用少数垫片来代替多数薄垫片的使用,垫片用得过多会造成车刀在车削时接触刚度变差而影响加工质量。

(4)车刀刀杆应与车床主轴轴线垂直。

(5)车刀位置装正后,应交替拧紧刀架螺丝。

图 2-29 所示为车刀的不正确安装。

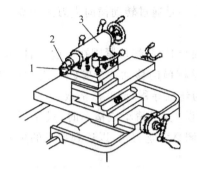
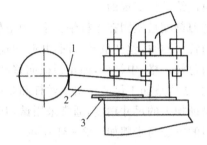

1—车刀;2—顶尖;3—尾座

图 2-28 调整车刀

1—刀尖与工件不等高;2—刀杆伸出过长;3—垫片不平整

图 2-29 车刀的不正确安装

第四节 典型零件的车削

一、车外圆与台阶

(一)车外圆

在车削加工中,外圆车削是最常见也是最基本的车削加工,几乎绝大部分的工件都少不了外圆车削这道工序。车外圆时常见的方法如图 2-30 所示。

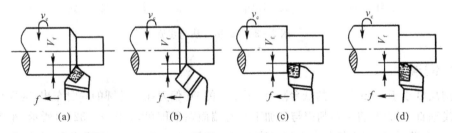

图 2-30 车削外圆

为了提高生产率和保证加工质量,车削外圆时通常分粗加工和精加工两个步骤。粗车的目的是尽快地从毛坯上切除掉大部分加工余量,不用考虑加工精度和表面粗糙度的要求,因此粗车时应尽量选取较大的背吃刀量、进给量和较低的切削速度;而精车时主要考虑保证加工精度和表面粗糙度的要求,通常采用较小的背吃刀量、进给量及较高的切削速度。

1. 外圆车刀的选择

车削外圆和台阶时,常使用以下几种车刀:

(1)尖刀:主要用于粗车外圆和车削没有台阶或台阶很小的外圆。

(2) 45°弯头车刀：车削外圆、端面及倒角。

(3) 右偏刀：主要用于车削带直角台阶的工件，也常用于车削细长轴。

(4) 刀尖带圆弧的车刀：一般用于车削母线带有过渡圆弧的外圆表面。

2. 车削外圆时径向尺寸的控制

(1) 正确使用横向进刀刻度盘手柄。车削外圆与台阶时，要准确地控制所加工外圆的尺寸，必须掌握好每一次走刀的背吃刀量，而背吃刀量的大小是通过转动横向进刀刻度盘手柄进而调节横向进给丝杠实现的。

横向进刀刻度盘紧固在丝杠轴头上，中拖板（横刀架）和丝杠螺母紧固在一起，当横向进刀刻度盘手柄转一圈时，丝杠也转一圈，此时中拖板就随丝杠横向移动一个螺距。由此可知，横向进刀手柄每转一格，中拖板，即车刀横向移动的距离为丝杠导程/刻度盘格数。

(2) 试切法调整加工尺寸。由于丝杠和刻度盘都有误差，半精车或精车时，只靠刻度盘来进刀无法保证加工的尺寸精度，通常采用试切的方法来调整背吃刀量，以达到加工的尺寸精度要求。试切的方法与步骤如图 2-31 所示。

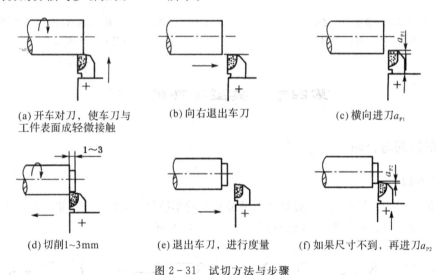

(a) 开车对刀，使车刀与工件表面成轻微接触　　(b) 向右退出车刀　　(c) 横向进刀 a_{P1}

(d) 切削 1~3mm　　(e) 退出车刀，进行度量　　(f) 如果尺寸不到，再进刀 a_{P2}

图 2-31　试切方法与步骤

(二) 车台阶

车削高度小于 5mm 以下的低台阶时，用正常的 90°偏刀在车外圆的同时车出，为保证台阶端面与轴线垂直，对刀时将主切削刃与已加工好的端面贴平即可，如图 2-32(a) 所示；车削高度大于 5mm 的台阶时，应用主偏角大于 90°（约为 95°）的偏刀，分几次走刀切削外圆，如图 2-32(b) 所示；最后一次纵向走刀后，退刀时，车刀沿径向外车出，以修光端面，如图 2-32(c) 所示。

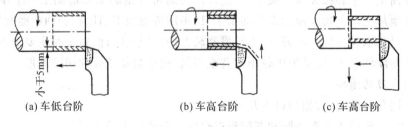

(a) 车低台阶　　(b) 车高台阶　　(c) 车高台阶

图 2-32　车台阶面

台阶轴向尺寸的控制可根据生产批量而定,批量较小时,可采用钢尺或样板确定其轴向尺寸。车削时,先用刀尖或卡钳在工件上划出线痕,线痕的轴向尺寸应小于图样尺寸 0.5mm 左右,以作为精车的加工余量。精车时,轴向尺寸可用游标卡尺和深度尺进行测量,轴向进刀时,可视加工精度的要求采用大拖板或小拖板刻度盘控制。如果工件的批量较大,且台阶较多时,用行程挡块来控制轴向尺寸,可显著提高生产率并保证加工质量。

二、切槽与切断

(一)切槽

轴类或盘套类零件的外圆表面、内孔表面或端面上常常有一些沟槽,如螺纹退刀槽、砂轮越程槽、油槽、密封圈槽等,这些槽都是在车床上用切槽刀加工形成的,如图 2-33 所示。

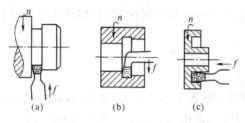

图 2-33 车槽形式

切槽时用切槽刀。切槽刀前为主切削刃,两侧为副切削刃。安装切槽刀,其主切削刃应平行于工件轴线,主刀刃与工件轴线保持同一高度,如图 2-34 所示。

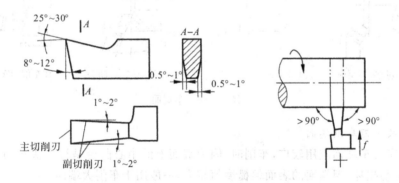

图 2-34 切槽刀及其安装

切削宽度小于 5mm 的窄槽时,用主切削刃的宽度与槽宽相等的切槽刀一次车出;切削宽度大于 5mm 的宽槽时,先沿纵向分段粗车,再精车出所需的槽深及槽宽,如图 2-35 所示。

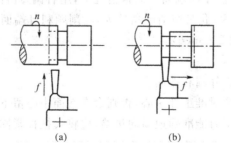

图 2-35 车宽槽

(二)切断

切断车刀和切槽车刀基本相同,但其主切削刃较窄,刀头较长。在切断过程中,散热条件差,刀具刚度低,因此须减小切削用量,以防止机床和工件的振动。

切断操作注意事项如下:

(1)切断时,工件一般用卡盘夹持。切断处应靠近卡盘,以免引起工件振动。

(2)安装切断刀时,刀尖要对准工件中心,刀杆与工件轴线垂直,刀杆不能伸出过长,但必须保证切断时刀架不碰卡盘。

(3)切断时应降低切削速度,并应尽可能减小主轴和刀架滑动部分的配合间隙。

(4)手动进给要均匀。快切断时,应放慢进给速度,以免刀头折断。

(5)切断铸铁件等脆性材料时采用直进法切削,切断钢件等塑性材料时采用左、右借刀法切削。

三、车端面

在进行轴类、盘、套类零件的车削加工时,一般先把端面车出,零件长度方向上的所有尺寸都是以端面为基准进行定位的,常用的端面车刀及车削方法如图 2-36 所示。

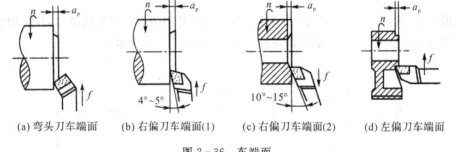

(a) 弯头刀车端面　　(b) 右偏刀车端面(1)　　(c) 右偏刀车端面(2)　　(d) 左偏刀车端面

图 2-36　车端面

1. 用弯头车刀车削端面

用弯头车刀车端面应用较广,车削时,因为端面上的中心凸台是被弯头车刀逐渐切除的,因此,刀尖不易损坏,但端面的表面粗糙度值较大,一般用于车削大端面。

2. 用偏刀车削端面

用右偏刀由外向中心车削端面时,由于端面上的中心凸台是瞬时被切除的[见图 2-36(b)],容易损坏刀尖,而且由于切削时前角比较小,切削不顺利,背吃刀量大时容易扎刀,使端面出现内凹,一般不用此方法车削端面。通常情况下,用右偏刀由内向外车削带孔工件的端面[见图 2-36(c)]或精车端面,此时切削前角较大,切削顺利且端面表面粗糙度数值较低,有时也可用左偏刀车端面[见图 2-36(d)]。

3. 车削端面操作要领

(1)安装工件时,要校正外圆和端面。

(2)安装车刀时,刀尖应对准工件中心,否则会在端面中心留下凸台。

(3)车大端面时,为使车刀能准确地横向进给,应将大拖板紧固在车床床身上,而用小刀架调整背吃刀量。

(4)精度要求高的端面应分粗、精加工,最后一刀背吃刀量应小些且最好由中心向外切削。

四、孔加工

在车床上可以使用钻头、扩孔钻、铰刀等定尺寸刀具加工孔,也可以使用内孔车刀镗孔。内孔加工相对于外圆加工来说,在观察、排屑、冷却、测量及尺寸的控制方面都比较困难,并且刀具形状、尺寸又受内孔尺寸的限制而刚性较差,因此,内孔加工的质量受到影响。同时,由于加工内孔时不能用顶尖支承,因而装夹工件的刚性也较差。另外,在车床上加工孔时,工件的外圆和端面应尽可能在一次装夹中完成,这样才能靠机床的精度来保证工件内孔与外圆的同轴度、工件孔的轴线与端面的垂直度。因此,在车床上适合加工轴类、盘类中心位置的孔,以及小型零件上的偏心孔,而不适合加工大型零件和箱体、支架类零件上的孔。

(一)钻孔

在车床上加工孔时,若工件上无孔,需先用麻花钻(钻头)将孔钻出;由于钻孔的公差等级为 IT10 级以下,表面粗糙度值 Ra 为 $12.5\mu m$,因此多用于粗加工。钻孔后,再根据工件的结构特点及孔的加工精度要求,采用其他加工方法继续进行孔加工,使其达到孔的精度要求。

图 2-37 所示为在车床上钻孔的方法。钻孔时,工件安装在卡盘上,其旋转运动为主运动。若使用锥柄麻花钻,则将其直接安装在尾座套筒内(或使用锥形变径套过渡),若使用直柄麻花钻(钻头),则通过钻夹头夹持后,再装入尾座套筒内。此外,钻头也可以用专用工具夹持在刀架上,以实现自动进给。

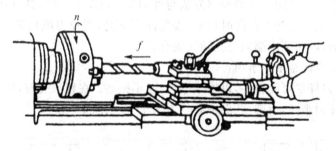

图 2-37 车床上钻孔

在车床上钻孔操作步骤如下:
(1)装夹工件并车平端面。为便于钻头定心,防止钻偏,应先将端面车平。
(2)预钻中心孔。用中心孔钻钻出麻花钻定心孔或用车刀在工件中心处车出定心小坑。
(3)选择并装夹钻头。选择与所钻孔直径对应的麻花钻,麻花钻的工作部分长度应略长于孔深。
(4)调整尾座纵向位置。松开尾座锁紧装置,移动尾座直至钻头接近工件,然后将尾座锁紧在床身上。注意加工时套筒不要伸出太长,以保证尾座的刚性。
(5)开车钻孔。钻孔是封闭切削,散热困难,容易导致钻头过热。钻孔的切削速度不宜高,通常 $v_c=0.3\sim0.6m/s$。开始钻削时进给要慢一些,然后以正常的速度进给,并注意经常退出钻头排屑,钻钢件时要加切削液。可用尾座套筒上的刻度来控制孔的深度,也可在钻头上做深度标记来控制孔深,孔的深度还可用深度尺测量。若钻通孔时,当快要钻通时应缓慢进给,以防钻头折断,钻孔结束后,应先退出钻头再停车。

在车床上钻孔,孔与工件外圆的同轴度比较高,与端面的垂直度也比较高。

(二)扩孔

扩孔是用扩孔钻作钻孔后的半精加工。扩孔的公差等级为 IT10~IT9,表面粗糙度值 Ra 为 $6.3\sim3.2\mu m$。扩孔的余量与孔径大小有关,一般约为 $0.5\sim2$ mm。

(三)铰孔

铰孔是用铰刀作扩孔后或半精扩孔后的精加工。铰孔的余量一般为 $0.1\sim0.2$ mm,公差等级一般为 IT8~IT6,表面粗糙度值 Ra 为 $1.6\sim0.8\mu m$。在车床上加工直径较小而精度和表面粗糙度要求较高的孔时,通常采用钻、扩、铰孔的工艺方法。

(四)镗孔

镗孔是对锻出、铸出或钻出孔的进一步加工,镗孔可扩大孔径,提高精度,减小表面粗糙度,还可以较好地纠正原来孔轴线的偏斜。镗孔可以分为粗镗、半精镗和精镗。精镗孔的尺寸精度可达 IT8~IT7,表面粗糙度值 Ra 可达 $1.6\sim0.8\mu m$。

在车床上镗孔时,工件做旋转主运动,镗刀做纵向进给运动。由于镗刀要进入孔内进行镗削,因此,镗刀切削部分的结构尺寸较小,刀杆也比较细,刚性比较差,镗孔时要选择较小的背吃刀量和进给量,生产率不高。但镗刀切削部分的结构形状与车刀一样,便于制造,而且镗削加工的通用性较强,对于大直径和非标准的孔都可进行镗削,镗削加工的精度接近于车外圆的精度。

在车床上镗孔时其径向尺寸的控制方法与外圆车削时基本一样,镗盲孔或台阶时,轴向尺寸(孔的深度)的控制方法与车台阶时相似,需要注意的是,当镗刀纵向进给至末端时,需作横向进给加工内端面,以保证内端面与孔轴线垂直。

此外镗孔时还要注意下列事项:

(1)镗孔时镗刀杆尽可能粗些,以增加刚性,减小振动。在镗盲孔时,镗刀刀尖至刀杆背面的距离必须小于孔的半径,否则,孔底中心将无法车平[见图 2-38(b)]。

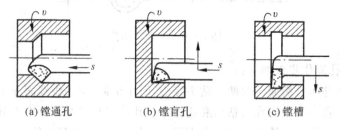

图 2-38 在车床上镗孔

(2)装夹镗刀时,刀尖应略高于工件回转中心,以减少加工中的颤动和扎刀现象,也可以减小镗刀下部碰到孔壁的可能性。

(3)在保证镗孔深度的情况下,镗刀伸出刀架的长度应尽量短,以增加镗刀的刚性,减少振动。

(4)开动机床镗孔前,用手动方法使镗刀在孔内试走一遍,确认无干涉后再开车镗削。

五、车削锥面

在机械加工中,除了采用圆柱体和圆柱孔作为配合表面外,还广泛采用圆锥体和圆锥孔作为配合表面。用圆锥面作为配合表面配合紧密、定位准确、装卸方便,并且即使发生磨损,仍能保持精密的定心和配合的作用。

圆锥分为圆锥体和圆锥孔两种。图 2-39 所示为圆锥主要尺寸图。

圆锥大端直径为
$$D = d + 2l\tan\alpha$$

圆锥体小端直径为
$$d = D - 2l\tan\alpha$$

锥度为
$$C = 2\tan\alpha = D - d/l$$

斜度为
$$M = D - d/2l = \tan\alpha = C/2$$

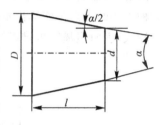

图 2-39 圆锥主要尺寸

为降低成本和使用方便,把圆锥面的参数设为标准值,编成不同的号数,只有号数相同的内外锥面,才能紧密配合和具有互换性。常用的标准圆锥有两种。一种是公制圆锥,其锥度是 $C = 1:20$,圆锥斜角是 $\alpha = 1°25'56''$,公制圆锥有 8 个号,分别是 4,6,80,100,120,140,160,200;另一种是莫氏圆锥,目前应用很广泛,如车床主轴和尾座套筒锥度,钻头等的锥柄度采用莫氏圆锥,莫氏圆锥有 0,1,2,3,4,5,6 共 7 个号。号数越大,锥体的基本参数也越大。

圆锥面的车削方法有很多种,常用的圆锥面车削法有宽刀法、小刀架转位法、尾座偏移法、靠模法 4 种,其中最常用的是小刀架转位法车锥面。

(一)宽刀法

宽刀法亦称成形刀法,如图 2-40 所示,宽刀刀刃必须平直,且刀刃与工件轴线夹角等于圆锥半角 $\alpha/2$,横向进刀,即可车出所需的锥面,这种方法仅适用于车削较短的内外锥面,其优点是能加工任意角度的圆锥面,加工简单,效率高。但是在使用宽刀法车削圆锥面时,要求车床、刀具和工件的刚性较好,车床车削时也应选择较低的转速,否则极易引起工件的振动。

(二)尾座偏移法

把尾座顶尖偏移一个距离 s,使工件旋转轴线与机床主轴轴线的夹角等于工件圆锥斜角 $\alpha/2$,当刀架自动或手动纵向进给时,即可车出所需的锥面,如图 2-41 所示。

用尾座偏移法车锥面时,工件必须安装在前、后两个顶尖之间。较长的锥面,车削后表面粗糙度较低。受尾座偏移量的限制,不能车削锥度较大的锥面,一般是圆锥半角小于 8°的外锥面。

尾座偏移距离,可由公式计算,即 $S = l \times \sin\alpha/2$,式中 l 为工件长度。α 较小时,取 $\sin\alpha = \tan\alpha$。

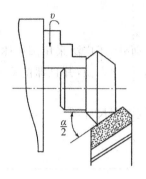 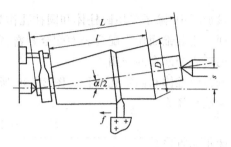

图 2-40 宽刀法车锥面　　　　图 2-41 尾座偏移法车锥面

(三)小刀架转位法

如图 2-42 所示，车削长度较短和锥度较大的圆锥体和圆锥孔时常采用这种方法，车床上小刀架转动的角度就是 $\alpha/2$。将小拖板转盘上的螺母松开，与基准零线对齐，然后固定转盘上的螺母，摇动小刀架手柄开始车削，使车刀沿着锥面母线移动，即可车出所需要的圆锥面。这种方法的优点是能车出整锥体和圆锥孔，能车角度很大的工件，但只能用手动进刀，劳动强度较大，表面粗糙度也难以控制，且由于受小刀架行程限制，只能加工单件小批量锥面且不长的工件。

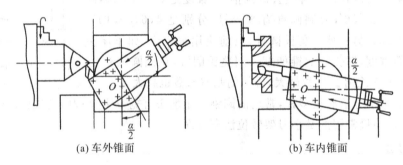

(a) 车外锥面　　　　(b) 车内锥面

图 2-42 小刀架转位法车内外锥面

(四)靠模法

在大批量生产中，通常使用专用的靠模装置车削圆锥面，如图 2-43 所示。靠模装置的底座固定在床身的后面，底座上装有锥度靠模板，松开紧定螺丝钉后，靠模板可以绕中心轴旋转，便与工件的轴线成一定的角度，若工件的锥角为 2α，则靠模板应转过 α 角度。靠模板上的滑块可沿靠模滑动，而滑块通过连接板与中拖板连接在一起。中拖板上的丝杠与螺母脱开，其手柄不再调节中拖板的横向位置，而是将小拖板转过 90°，用小拖板上的丝杠调节刀具横向位置以调整所需的背吃刀量。当大拖板做纵向自动进给时，滑块便沿靠模板滑动，从而使车刀的运动平行于靠模板，车出所需的圆锥面。

用靠模法加工圆锥面时，可自动进给，因此，工件表面质量好、生产率较高，一般适用于加工锥角 $2\alpha < 24°$ 的内、外长圆锥面的大批量生产。

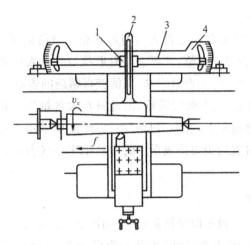

1—滑块；2—连接板；3—靠模板；4—底座
图 2-43　靠模法车锥面

六、车成形面

有些机器零件，如手柄、手轮、圆球、蜗轮等，它们不像圆柱面、圆锥面那样母线是一条直线，这些零件是以一条曲线为母线，绕直线旋转而形成的表面，这样的零件表面叫回转成形面。

在车床上加工成形面的方法有双手操纵法、用成形刀车成形面和靠模板法等车削方法。

（一）双手操纵法

车削时，两手配合，左右手分别摇动中刀架手柄和小刀架手柄，使刀尖的运动轨迹与所需成形面的母线相同，如图 2-44 所示。在操作时，左右摇动手柄要熟练，配合要协调。车削前最好先做个样板，依照样板的图样来进行车削和修改，如图 2-45 所示。这种方法一般使用圆弧车刀。

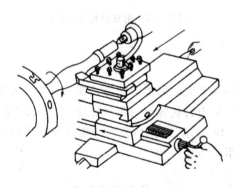 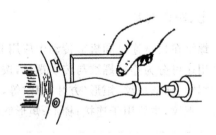

图 2-44　双手操纵车成形面　　　　图 2-45　用样板对照成形面

双手操纵法的优点是不需要其他附加刀具和设备，缺点是不易将工件车得很光整，需要较高的操作技术，生产率也很低，一般只在单件小批量生产且要求不高的零件上适用。使用双手来控制进给速度时，必须根据成形面的具体情况来掌握，不同的成形面、不同的位置，进给的速度都有所不同。

(二) 用成形刀车成形面

这种方法是使用切削刃形状与工件表面的形状相一致的成形刀具车成形面,如图 2-46 所示。在车削时,车刀只做横向进给,并要求刀刃形状与工件表面吻合,装刀时刃口要与工件轴线等高。这种方法操作简单,生产效率高,且能获得精确的表面形状。但由于受工件表面形状和尺寸的限制,且刀具制造、刃磨较困难,因此只在大批量生产较短成形面的零件时采用。并且由于车刀和工件接触面积大,容易引起振动,因此需要采用小切削量,且要有良好的润滑条件。有时车成形面也可先用尖刀按成形面的形状粗车一些台阶,然后使用成形车刀精车成形面。

(三) 用靠模板车成形面

车削成形面的原理和靠模车削圆锥面相同,如图 2-47 所示。车削工件 1 时只要把滑板换成滚柱 4,把锥度靠模板换成带有所需曲线的靠模槽 3。刀架中滑板螺母与横向丝杠脱开,通过连接板 2 与靠模连接,当大拖板纵向走刀时,滚柱在曲线的靠模槽内滑动,从而使车刀刀尖也随着做曲线运动,即可车出所需的成形面。此法加工工件尺寸不受限制,可采用机动进给,生产效率高,加工精度高,广泛用于成批大量生产中。

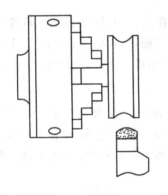

图 2-46 用成形车刀车成形面

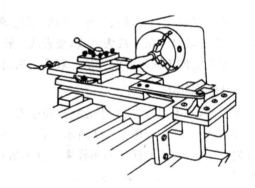

图 2-47 用靠模板车成形面

七、车削螺纹

螺纹在机械连接和机械传动中应用非常广泛,按不同的分类方法可将螺纹分为多种类型:按其用途可分为连接螺纹与传动螺纹,按其标准可分为公制螺纹与英制螺纹,按其牙型可分为三角螺纹、梯形螺纹、矩形(方牙)螺纹等,如图 2-48 所示。其中,公制三角螺纹应用最广,称为普通螺纹,主要用于连接;梯形、矩形螺纹主要用于传动。

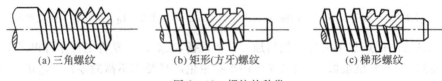

(a) 三角螺纹　　　　(b) 矩形(方牙)螺纹　　　　(c) 梯形螺纹

图 2-48 螺纹的种类

(一)螺纹的基本知识

1. 螺纹的几何要素

螺纹总是成对使用的,为了保证内、外螺纹的配合精度,必须根据螺纹的几何要素选择螺纹车刀及车削用量等。螺纹几何要素如图2-49所示。

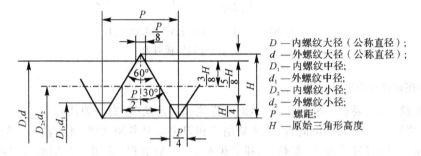

D —内螺纹大径(公称直径);
d —外螺纹大径(公称直径);
D_1 —内螺纹中径;
d_1 —外螺纹中径;
D_2 —内螺纹小径;
d_2 —外螺纹小径;
P —螺距;
H —原始三角形高度

图2-49 普通螺纹几何要素

(1)大径(d 或 D)指外螺纹的牙顶直径 d 或内螺纹牙底直径 D,也就是螺纹标注的公称直径,如 M20-g6(外螺纹)、M20-H7(内螺纹)等。

(2)小径(d_1 或 D_1)指外螺纹的牙底直径 d_1 或内螺纹牙顶直径 D_1。

(3)中径(d_2 或 D_2)指轴向剖面内,牙型厚度等于牙间距的假想圆柱直径。

(4)牙型半角($\alpha/2$)指轴向剖面内,螺纹牙型的一条侧边与螺纹轴线的垂线间夹角。普通螺纹 $\alpha/2=30°$,英制螺纹为 $\alpha/2=27.50°$。

(5)螺距(P)指相邻两螺纹牙型平行侧面间的轴向距离。

牙型半角、螺距和中径对螺纹的配合精度影响最大,称为螺纹三要素,车削螺纹时必须保证其精度要求。

2. 螺纹车刀的角度和安装

螺纹车刀是一种成形刀具,有整体式高速车刀和弹性刀杆高速车刀,如图2-50所示。

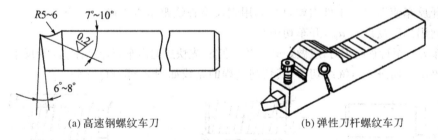

(a)高速钢螺纹车刀　　(b)弹性刀杆螺纹车刀

图2-50 螺纹车刀

螺纹车刀的刀尖角决定了螺纹的牙型角,它对保证螺纹精度有很重要的作用。螺纹车刀的前角对牙形角影响较大,一般为 $7°\sim10°$。精度要求较高的螺纹,常取前角为零。粗车螺纹时,为改善切削条件,可刃磨 $5°\sim15°$ 正前角的螺纹车刀。

安装螺纹车刀时,应使刀尖与工件轴线等高,否则会影响螺纹的截面形状,并且刀尖的平分线要与工件轴线垂直。如果车刀装得左右歪斜,车出来的牙形就会偏左或偏右。为了使车刀安装正确,可采用样板对刀,如图2-51所示,检查时,样板应水平放置并与刀尖的基面在同一平面内,用透光法检验刀尖角。

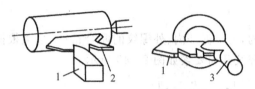

1—外螺纹车刀;2—对刀样板;3—内螺纹车刀
图 2-51 用对刀样板对刀

(二)车削螺纹时的进刀方法

车削螺纹时,主要有两种进刀方法,即直进法和斜进法(左右赶刀法)。

(1)直进法。用中拖板横向进刀,两切削刃和刀尖同时参加切削,此方法操作简单,能保证螺纹牙型精度,但刀具受力大、散热差、排屑困难、刀尖易磨损,适用于车削脆性材料和小螺距或最后的精车。

(2)斜进法,又称左右赶刀法。用中拖板横向进刀和小拖板纵向(左或右)微量进刀相配合,使车刀基本上只有一个切削刃参加切削。这种方法刀具受力较小,车削比较平衡,生产率较高,但螺纹的牙型一边表面粗糙,所以,在进行最后一次进刀时应注意对牙型两边都修光。此法适用于塑性材料和大螺距螺纹的粗车。

(三)车削螺纹的方法步骤

车削螺纹时,首先应按螺纹的精度等级要求,车出螺纹大径 d(外螺纹)或螺纹小径 D_1(内螺纹)、螺纹退刀槽及端面倒角等,然后车螺纹。内、外螺纹的车削方法及步骤基本相同。

车削螺纹的方法有正反车法和抬闸法。

1. 正反车法

正反车法适合车削各种螺纹,图 2-52 所示为用正反车法车削外螺纹的步骤。

(1)开车,使车刀与工件轻微接触记下刻度盘读数,向右退出车刀;
(2)合上开合螺母,在工件表面上车出一条螺旋线,横向退出车刀,停车;
(3)开反车使刀退到工件右端,停车,用钢尺检查螺距是否正确;
(4)利用刻度盘调整 a_p,开车切削;
(5)车刀将至行程终了时,应做好退刀停车准备,先快速退出车刀,然后停车,开反车退回刀架;
(6)再次横向进 a_p,继续切削,其切削过程的路线如图 2-52(f)所示。

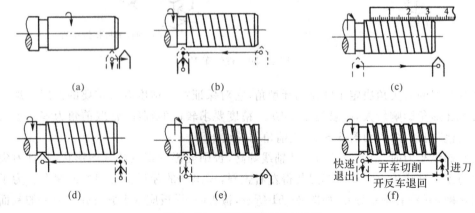

图 2-52 螺纹车削方法与步骤

2. 抬闸法

抬闸法是利用开合螺母的压下或抬起来车削螺纹。这种方法操作简单,但容易出现乱扣(即前后两次走刀车出的螺纹槽轨迹不重合),只适用于加工车床的丝杠螺距是工件螺纹螺距整数倍的螺纹。与正反车法的主要区别在于车刀行至终点时,横向退刀后,不开反车退回至起点,而是抬起开合螺母使丝杠与螺母脱开,手动纵向退回,再进刀车削。

(四) 车削螺纹时的注意事项

(1) 车削螺纹时,由于加工余量比较大,应分几次走刀进行刀削,每次走刀的背吃刀量要小,并记住横向进刀的刻度,作为下次进刀时的基数。特别要记住刻度手柄进、退刀的整数圈数,以防多进一圈导致背吃刀量太大造成刀具崩刃或损坏工件。

(2) 车削至螺纹末端时应及时退刀。若退刀过早,会使得下次车至螺纹末端时,因背吃刀量突然增大而损坏刀刃,或使得螺纹有效长度不够而不符合加工要求。若退刀过迟,会使车刀撞上工件造成车刀损坏、工件报废,甚至损坏设备。

(3) 若丝杠螺距不是工件螺距的整数倍,螺纹车削完毕前不得随意松开开合螺母。若加工中需要重新装刀时,必须将刀头与已有的螺纹槽密切贴合,以免产生乱扣。

(4) 在切削过程中,如果换刀,则应重新对刀。对刀是指闭合开合螺母,移动小刀架,使车刀落入原来的螺纹槽中。由于传动系统有间隙,对刀须在车刀沿切削方向走一段,停车后再进行。

(5) 车削精度要求较高的螺纹时应适当加注切削液,减少刀具与工件的摩擦,以降低螺纹表面粗糙度的数值。

(五) 螺纹的测量

螺纹的螺距由车床的运动来保证,用钢尺大概测量即可,如图 2-53 所示。牙型角由螺纹车刀的刀尖角和正确的安装来保证,可用样板测量,也可用螺纹规同时测量螺距和牙型角,如图 2-54 所示。

(a) 螺纹锁　　(b) 测螺距和牙形角

图 2-53　钢尺测螺纹　　图 2-54　螺纹样板测螺纹

螺纹中径可用螺纹千分尺测量,如图 2-55 所示,螺纹千分尺的两个测量触头根据牙型角和螺距的不同可以更换,测量时,把两个触头卡在螺纹牙型面上,测得的尺寸就是螺纹的实际中径。

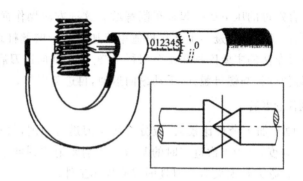

图 2-55 螺纹千分尺测螺纹中径

(六)车螺纹时的缺陷及预防措施

车螺纹时的缺陷及预防措施见表 2-2。

表 2-2 车螺纹时的缺陷、产生原因及预防措施

废品种类	产生原因	预防措施
螺距不准	(1)在调整机床时,手柄位置放错了; (2)反转退刀时,开合螺母被打开过; (3)进给丝杠或主轴轴向窜动	(1)检查手柄位置是否正确,把放错的手柄改正过来; (2)退刀时不能打开开合螺母; (3)调整丝杠或主轴轴承轴向间隙,不能调间隙时换新的
中径不准	加工时切入深度不准	仔细调整切入深度
牙型不准	(1)车刀刀尖角刃磨不准; (2)车刀安装时位置不正确; (3)车刀磨损	(1)重新刃磨刀尖; (2)重新装刀,并检查位置; (3)重新磨刀或换刀
螺纹表面不光洁	(1)刀杆刚性不够,切削时振动; (2)高速切削时,精加工余量太少或排屑方向不正确,把已加工表面拉毛	(1)调整刀杆伸出长度或换刀杆; (2)留足够的加工余量,改变刀具几何角度,使切屑不流向已加工表面
扎刀	(1)前角太大; (2)横向进给丝杠间隙太大	(1)减少前角; (2)调整丝杠间隙

八、滚花

对于有些机器零件或工具,为了便于握持和外形美观,往往在工件表面上滚出各种不同的花纹,这种工艺叫滚花。这些花纹一般是在车床上用滚花刀滚压而成的。花纹有直纹和网纹两种,滚花刀相应有直纹滚花刀和网纹滚花刀两种,每种又分为粗纹、中纹和细纹。按滚花轮

的数量又可分为单轮(滚直轮)、双轮(滚网纹,两轮分别为左旋和右旋斜纹)和6轮(由3组粗细不等的斜纹轮组成)滚花刀,如图2-56所示。

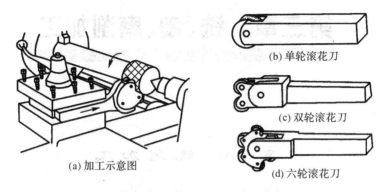

图2-56 滚花方法及滚花刀的种类

第三章 铣、刨、磨削加工

第一节 铣削加工

铣削加工是在铣床上利用铣刀的旋转和工件的移动(转动)来加工工件的方法。铣削加工的范围非常广泛,可加工平面、台阶面、沟槽(包括键槽、直角槽、角度槽、燕尾槽、T形槽、圆弧槽、螺旋槽)和成形面等。此外,还可以进行孔加工(钻孔、扩孔、铰孔、镗孔)和分度工作(铣花键、齿轮等)。

一般铣削的加工范围为IT9～IT7,表面粗糙度值为 $Ra\ 6.3\sim1.6\mu m$。铣削一般属于粗加工或半精加工。高精度铣削的加工精度可达 IT6～IT5,表面粗糙度值 Ra 可达 $0.2\mu m$。铣削加工的主要范围如图 3-1 所示。

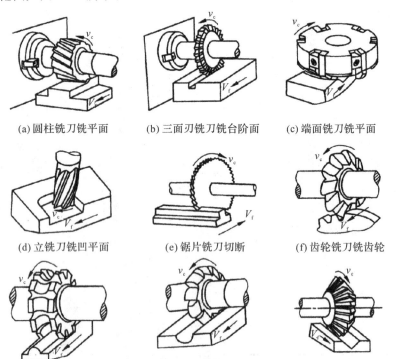

(a) 圆柱铣刀铣平面　　(b) 三面刃铣刀铣台阶面　　(c) 端面铣刀铣平面

(d) 立铣刀铣凹平面　　(e) 锯片铣刀切断　　(f) 齿轮铣刀铣齿轮

(g) 凹半圆铣刀铣凸圆弧面　　(h) 凸半圆铣刀铣凹圆弧面　　(i) 角度铣刀铣V形槽

图 3-1　铣削的加工范围

(j)燕尾槽铣刀铣燕尾槽　　(k)键槽铣刀铣键槽　　(l)半圆键槽铣刀铣半圆键槽

续图 3-1　铣削的加工范围

铣削加工具有以下特点：由于铣削的主要运动是铣刀旋转，铣刀又是多齿刀具，故铣削的生产效率高，刀具的耐用度高。铣床及其附件的通用性广，铣刀的种类很多，铣削的工艺灵活，因此铣削的加工范围较广。总之，无论是单件小批量生产，还是成批大量生产，铣削都是非常适用的、经济的、多样的加工方法。它在切削加工中得到了较为广泛的应用。

一、铣削加工的基础知识

(一)铣削要素

铣削要素是指铣削速度、进给量、铣削宽度和铣削深度等 4 个。

(1)铣削速度(v)：是指铣刀最大直径处切削刃的圆周速度，是铣削的主运动。

$$v = \pi D n / 1\,000\ (\text{m/min})$$

式中　D——铣刀直径(mm)；

　　　n——铣刀转速(r/min)。

在实际生产中，一般是根据刀具的材料和耐用度在切削手册中找出切削速度，然后用公式求出主轴转速。

(2)进给量：单位时间内工件对刀具移动的距离叫作进给量，可分为铣刀每转进给量 F、铣刀每齿进给量 a_f 和每分进给量 V_f 三种。若铣刀的转速为 n(单位为 r/min)，铣刀的齿数为 Z，则与进给量三者的关系如下

$$V_f = Fn = a_f Z n$$

式中　V_f——每分钟进给量(mm/min)；

　　　F——每转进给量(mm/r)；

　　　a_f——每齿进给量(mm/齿)。

(3)铣削深度(a_p)：待加工表面与已加工表面的垂直距离。

(4)铣削宽度(a_e)：既垂直于铣削深度，又垂直于进给方向测量出的被铣削金属层的尺寸。

(二)铣削用量的选择

合理的铣削用量也是由各方面因素决定的。选择时不仅要考虑工件的加工要求以及刀具、夹具和工件材料等因素，而且要考虑切削速度、进给量、铣削深度三者之间的相互影响。把选出的铣削用量通过"实践、认识、再实践、再认识"多次循环才能得出合理的铣削用量。下面就分析一下选择的原则。

一般选择原则有以下三种：

(1) 粗铣时,为了提高生产效率,减少进给次数,在保证铣刀有一定的耐用度,并且铣床、夹具、刀具系统刚性足够的条件下,一般这样选:首先选用大的切削深度a_p,再选较大的进给量V_f,然后选适当的铣削速度v,铣削宽度a_e一般等于工件宽度。

(2) 精铣工件时,因为工件表面质量要求较高,所以选法与粗铣不同。首先选用较大的铣削速度v,再选较小的进给量V_f,然后选用适当小的铣削深度a_p,铣削宽度a_e仍等于工件宽度。

(3) 高速铣削,就是利用硬质合金铣刀在很高的主轴转速下,也就是用高的铣削速度,利用铣削中产生的高温(达600～800℃),使工件加工表面软化,且能充分发挥刀具性能的一种高效率加工方法。这种方法在条件许可下铣削速度可达60～300m/min。其他用量的选择要比一般铣削用量高1倍,铣削宽度a_e仍等于工件宽度。

(三) 铣削方式

按铣削方式不同,铣削一般可分为周铣与端铣、顺铣与逆铣。

1. 周铣与端铣

周铣是指用刀齿分布在圆周表面的铣刀来进行铣削的方式,如图3-2(a)所示。端铣是指用刀齿分布在圆柱端面上的铣刀来进行铣削的方式,如图3-2(b)所示。

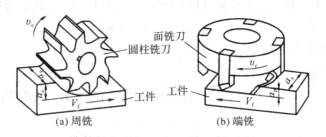

图3-2 周铣与端铣

就加工平面来讲,端铣比周铣较为有利,其原因如下：

(1) 面铣刀的副切削刃对已加工表面有修光作用,可以降低加工表面粗糙度值,周铣表面一般会出现波纹。

(2) 面铣刀同时参加切削的刀齿数较多,切削力变化较小,振动较周铣小。

(3) 面铣刀主切削刃在切入时,切屑厚度不为零,切削刃不易磨损。

(4) 面铣刀的刀杆伸出较短,刚性好,可用较大的切削用量。

由此可见,端铣法加工质量好,生产效率高,最适合对大平面进行铣削加工。但周铣对加工各种形面的适应性较广,多用于加工成形面和组合表面。

2. 逆铣与顺铣

(1) 当铣刀和工件接触部分的旋转方向与工件的进给方向相反时称为逆铣,如图3-3(a)所示。

(2) 当铣刀和工件接触部分的旋转方向与工件的进给方向相同时称为顺铣,如图3-3(b)所示。

(3)两种铣削方式的比较。顺铣时,铣削力与工件进给方向相同。由于铣刀旋转速度远远大于工件进给速度,铣刀刀齿会把工件连同工作台向前拉动,造成进给不匀,铣刀被工件冲击甚至损坏。逆铣与此相反,工件不会被拉向前,进给平稳。因此,通常多用逆铣。但顺铣也有优点,例如刀齿切入工件比较容易,铣刀寿命较长,工件不会因为铣削力的作用被向上抬起等。如能设法消除工作台丝杠与螺母之间的间隙,特别是在精铣时,也用顺铣。综上所述,逆铣和顺铣各有利弊,但逆铣时工作台不会在铣削力的作用下窜动,不会崩刃,不会损坏机床,所以一般在没有丝杆螺母间隙调整机构下采用逆铣居多。精加工和薄板加工时铣削力小,可采用顺铣。

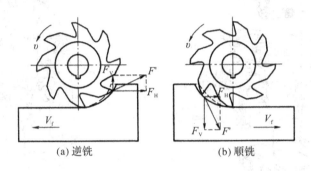

(a)逆铣　　(b)顺铣

图 3-3　逆铣与顺铣

(四)铣工操作的安全技术

(1)工作时应穿好工作服,女生应戴安全帽,严防衣角、带子和头发卷进机床。

(2)工作时,头不能过分靠近铣削部位,防止铁屑飞入眼内或烫伤皮肤。不准戴手套,必要时,应戴防护眼镜。

(3)在铣削过程中,不准用手抚摸或测量工件,不准用手清除铁屑。停车后,不准用手制动铣刀旋转。

(4)装卸工件、调整部件时必须停车。

(5)不准拆卸机床电器设备,发生电器故障时,应请电工解决。

二、铣床及附件的安装

铣床的工作范围很广,生产效率较高,是机械加工机床的重要组成部分。利用不同的铣刀可以加工出各种形式的平面、成形面和各种形式的沟槽等。

(一)铣床的分类

铣床的类型很多,具有完整的机床系统。按工作台是否升降,分为升降台式铣床和固定台式铣床。前者使用灵活,通用性强,适用于加工复杂的小型件;后者结构刚性好,适用于大型工件的加工。按运动特点,可分为卧式铣床和立式铣床。铣床的传动方式与车床基本相似,都是由滑动齿轮、离合器等来改变速度,所不同的是主轴转动和工作台移动的传动系统是分开的,分别由单独的电动机驱动。

铣床的种类很多,常用的有以下几种:

(1)升降台式铣床。它的主要特点是有沿床身垂直导轨运动的升降台。工作台可随着升降台作上下(垂直)运动。工作台本身在升降台上面又可做纵向和横向运动,适宜于加工中小型零件。这类铣床按主轴位置可分为卧式和立式两种。

(2)卧式铣床。其主要特征是主轴与工作台台面平行,成水平位置。铣削时,铣刀和刀轴安装在主轴上,绕主轴轴心线做旋转运动,工件和夹具装夹在工作台上作进给运动,如图3-4所示。

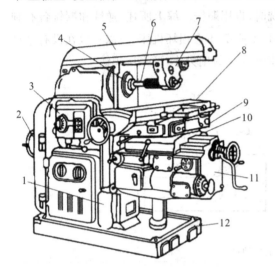 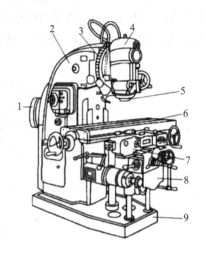

1—床身;2—电动机;3—变速机构;4—主轴;
5—横梁;6—刀杆;7—刀杆支架;8—纵向工作台;
9—转台;10—横向工作台;11—升降台;12—底座

图3-4 卧式万能升降台铣床

1—电动机;2—床身;3—立铣头旋转刻度盘;4—立铣头;
5—主轴;6—纵向工作台刀杆;7—横向工作台;
8—升降台;9—底座

图3-5 立式万能升降台铣床

(3)立式铣床。其主要特征是主轴与工作台台面垂直,主轴呈垂直状态。立式铣床安装主轴的部分称为立铣头。立铣头与床身结合处呈转盘状,并有刻度。立铣头可按工作需要左右扳转一定角度,如图3-5所示。

(4)龙门铣床。龙门铣床属于大型铣床。铣削动力机构安装在龙门导轨上,可作横向和升降运动。工作台安装在固定床身上,只能作纵向移动,适宜加工大型工件。

(二)铣床附件

铣床的主要附件有机用平口钳、回转工作台、分度头和万能铣头等。其中前3种附件用于安装工件,万能铣头用于安装刀具。

1.机用平口钳

机用平口钳是一种通用夹具,也是铣床常用附件之一,如图3-6所示。

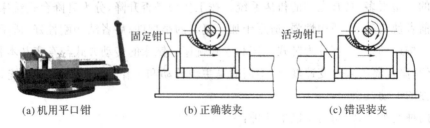

(a)机用平口钳　　(b)正确装夹　　(c)错误装夹

图3-6 平口钳安装工件

机用平口钳安装使用方便,应用广泛,主要用于安装尺寸较小和形状简单的支架、盘套、板块、轴类零件。机用平口钳有固定钳口和活动钳口,通过丝杠、螺母传动调整钳口间距离,以安装不同宽度的零件。铣削时,将机用平口钳固定在工作台上,再把工件安装在机用平口钳上,应使铣削力方向趋向固定钳口方向。

2. 压板螺栓

对于尺寸较大或形状特殊的零件,可视其具体情况采用不同的装夹工具固定在工作台上,安装时应先进行工件找正,如图3-7所示。

用压板螺栓在工作台上安装工件的注意事项如下:

(1)装夹时,应使工件底面与工作台面贴实,以免压伤工作台面。如果,工件底面是毛坯面,应使用铜皮、铁皮等使工件的底面与工作台面贴实。夹紧已加工表面时,应在压板和工件表面间垫铜皮,以免压伤工件已加工表面。各压紧螺母应分几次交错拧紧。

(2)工件的夹紧位置和夹紧力要适当。压板不应歪斜和悬伸太长,必须压在垫铁处,压点要靠近切削面,压力大小要适当。

(3)在工件夹紧前、后要检查工件的安装位置是否正确以及夹紧力是否得当,以免产生变形或位置移动。

(4)装夹空心薄壁工件时,应在其空心处用活动支承件支承以增加刚性,防止工件振动或变形。

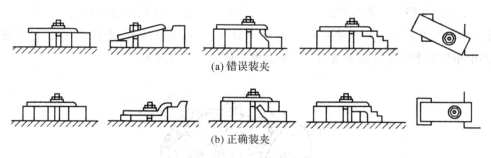

图3-7 压板螺栓的使用

3. 回转工作台

回转工作台又称转盘或圆工作台,一般用于较大零件的分度工作和非整圆弧面的加工。分度时,在回转工作台上配上自定心卡盘,可以铣削四方、六方等工件。回转工作台有手动和机动两种方式,其内部有蜗轮蜗杆机构。摇动手轮,通过蜗杆轴直接带动与转台相连接的蜗轮转动。转台周围有360°刻度,在手轮上也装有一个刻度环,可用来观察和确定转台位置。拧紧螺钉,转台即被固定。转台中央的孔可以装夹心轴,用于找正和确定工件的回转中心,当转台底座上的槽和铣床工作台上的T形槽对齐后,即可用螺栓把回转工作台固定在铣床工作台上。在回转工作台上铣圆弧槽时,首先应校正工件,使其圆弧中心与转台的中心重合,然后将工件安装在回转工作台上,铣刀旋转,用手均匀缓慢地转动手轮,即可铣出圆弧槽,如图3-8所示。

4. 万能铣头

在卧式铣床上装上万能铣头(见图3-9)，不仅能完成各种立铣的工作，而且可根据铣削的需要，把铣头主轴扳转成任意角度。其底座用4个螺栓固定在铣床的垂直导轨上。铣床主轴的运动通过铣头内两对齿数相同的锥齿轮传到铣头主轴上，因此铣头主轴的转数级数与铣床的转数级数相同。壳体可绕铣床主轴轴线偏转任意角度，壳体还能相对铣头主轴壳体偏转任意角度。因此，铣头主轴能带动铣刀在空间偏转成所需要的任意角度，从而扩大卧式铣床的加工范围。

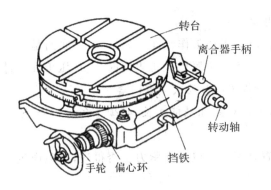

图3-8 在回转工作台上铣圆弧槽

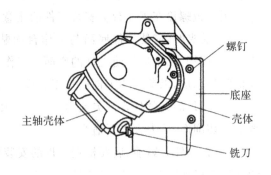

图3-9 万能铣头

5. 万能分度头

分度头主要用来安装需要进行分度的工件，利用分度头可铣削多边形、齿轮、花键、刻线、螺旋面及球面等。分度头的种类很多，有简单分度头、万能分度头、光学分度头、自动分度头等，其中用得最多的是万能分度头。万能分度头如图3-10所示。

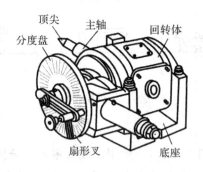

图3-10 万能分度头

(1)万能分度头的结构。万能分度头的基座上装有回转体，分度头主轴可随回转体在垂直平面内转动－6°～90°。主轴前端锥孔用于装顶尖，外部定位锥体用于自定心卡盘。分度时可转动分度手柄，通过蜗杆和蜗轮带动分度头主轴旋转以进行分度。

(2)万能分度头传动系统，如图3-11所示。分度头中蜗杆和蜗轮的传动比为 $i=$ 蜗杆的头数/蜗轮的齿数＝1/40，即当手柄通过一对传动比为1∶1的直齿轮带动蜗杆转动一周时，蜗轮只能带动主轴转过1/40周。若工件在整个圆周上的分度数目 Z 为已知时，则每转一个等

分就要求分度头主轴转过 1/Z 圈。当分度手柄所需转数为 n 圈时,可由如下关系推出:
$$1:40 = \frac{1}{Z}:n$$
即
$$n = \frac{40}{Z}$$

式中　n —— 分度手柄转数;

　　　40 —— 分度头数;

　　　Z —— 工件等分数。

(3) 分度方法。使用分度头进行分度的方法有简单分度、直接分度、角度分度、差动分度和近似分度等,本书中只介绍最常用的简单分度方法,这种方法只适用于分度数 $Z \leqslant 60$ 的情况。例如,铣削齿数 $Z=26$ 的齿轮,每次分度时手柄应转动的圈数为
$$n = \frac{40}{Z} = \frac{40}{26} = 1\frac{14}{26} = 1\frac{7}{13}$$
即手柄应转动 1 整圈加 7/13 圈,7/13 圈的准确圈数由分度盘(见图 3-12)来确定。

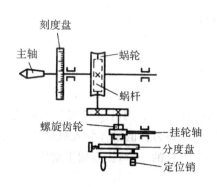

图 3-11　分度头传动结构

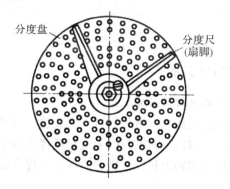

图 3-12　分度盘

分度时,先将分度盘固定,然后选择 13 的倍数的孔圈,假如选定 39 的孔圈,则 7/13 圈等于 21/39 圈,将手柄上的定位销调整到 39 的孔圈上,先将手柄转动 1 圈,再按 39 的孔圈转 21 个孔距即可。

三、铣刀

(一)铣刀的种类

铣刀的种类很多,按其安装方法可分为带孔铣刀和带柄铣刀两大类。

(1)带孔铣刀。带孔铣刀多用于卧式铣床,其共同特点是都有孔,以使铣刀安装到刀杆上。带孔铣刀的刀齿形状和尺寸可以适应所加工的工件形状和尺寸。

(2)带柄铣刀。带柄铣刀多用于立式铣床上,其共同特点是都有供夹持用的刀柄。直柄立铣刀的直径较小,一般小于 20mm,直径较大的为锥柄,大直径的锥柄铣刀多为镶齿式。常见的各种铣刀如图 3-13 所示。

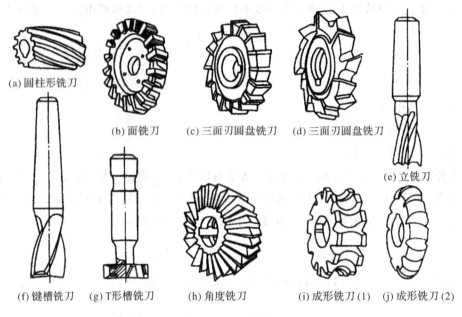

图 3-13 常用铣刀

(二)铣刀的安装

1. 带孔铣刀的安装

在卧式铣床上一般使用拉杆安装铣刀,如图 3-14 所示。刀杆一段安装在卧式铣床的刀杆支架上,刀杆穿过铣刀孔,通过套筒将铣刀定位,然后将刀杆的锥体装入机床主轴锥孔,用拉杆将刀杆在主轴上拉紧。铣刀应尽量靠近主轴,减少刀杆的变形,提高加工精度。

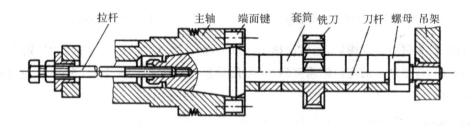

图 3-14 带孔铣刀的安装

2. 带柄铣刀的安装

带柄铣刀有直柄铣刀和锥柄铣刀两种。直柄铣刀直径较小,可用弹簧夹头进行安装。常用铣床的主轴通常采用锥度为 7∶24 的内锥孔。锥柄铣刀有两种规格,一种锥柄锥度为 7∶24,另一种锥柄锥度采用莫氏锥度。锥柄铣刀的锥柄上有螺纹孔,可通过拉杆将铣刀拉紧,安装在主轴上。锥度为 7∶24 的锥柄铣刀可直接或通过锥套安装在主轴上,另一种采用莫氏锥度的锥柄铣刀,由于与主轴锥度规格不同,安装时要根据铣刀锥柄尺寸选择合适的过渡锥套,过渡锥套的外锥锥度为 7∶24,与主轴锥孔一致,其内锥孔为莫氏锥度,与铣刀锥柄相配。带柄铣刀的安装如图 3-15 所示。

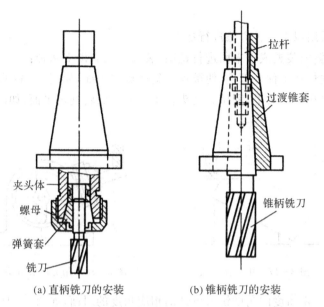

(a) 直柄铣刀的安装　　(b) 锥柄铣刀的安装

图 3-15　带柄铣刀的安装

四、典型表面的铣削

(一)铣削平面

铣削水平面可用周铣法或端铣法,并应优先采用端铣法。但在很多场合,例如在卧式铣床上铣水平面,也常用周铣法。铣削水平面的步骤如图 3-16 所示。

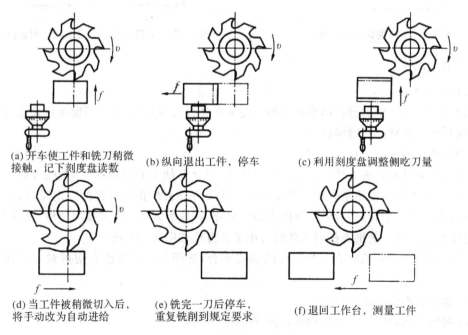

(a) 开车使工件和铣刀稍微接触,记下刻度盘读数　　(b) 纵向退出工件,停车　　(c) 利用刻度盘调整侧吃刀量

(d) 当工件被稍微切入后,将手动改为自动进给　　(e) 铣完一刀后停车,重复铣削到规定要求　　(f) 退回工作台,测量工件

图 3-16　铣削水平面的步骤

(二)铣削斜面

铣削斜面常采用以下三种方法进行加工。

(1)将工件的斜面装夹成水平面进行铣削,装夹方法有以下两种:

1)将斜面垫铁垫在工件基面下,使被加工斜面成水平面,如图3-17所示;

2)将工件装夹在分度头上,利用分度头将工件的斜面转到水平面,如图3-18所示。

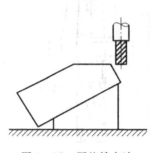
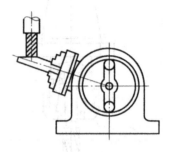

图3-17 用垫铁方法　　图3-18 用分度头方法

(2)利用具有一定角度的角度铣刀可铣削相应角度的斜面,如图3-19所示。

(3)利用立铣头铣削斜面,将立铣头的主轴旋转一定角度可铣削相应的斜面,如图3-20所示。

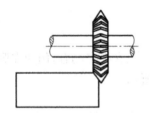
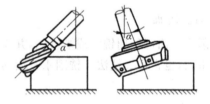

图3-19 角度铣刀铣斜面　　图3-20 立铣头旋转一定角度铣削斜面

(三)铣削沟槽

1.铣削键槽

(1)选择铣刀。根据键槽的形状及加工要求选择铣刀,如铣削月牙形键槽应采用月牙槽铣刀,铣削封闭式键槽选择键槽铣刀。

(2)安装铣刀。

(3)选择夹具及装夹工件。根据工件的形状、尺寸及加工要求选择装夹方法,单件生产使用平口钳装夹工件。使用平口钳时必须使用划针或百分表校正平口钳的固定钳口,使之与工作台纵向进给方向平行,还可采用分度头和顶尖或V形槽装夹等方式铣削键槽;批量生产时,使用抱钳装夹工件。铣削键槽时工件的常用装夹方法如图3-21所示。

(4)对刀。使铣刀的中心面与工件的轴线重合,常用的对刀方法有切痕对刀法和划线对刀法。

(5)选择合理的铣削用量。

(6)调整机床,开车,先试切检验,再铣削加工出键槽。

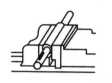 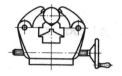 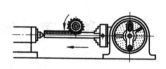 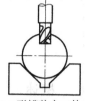

(a) 平口钳装夹工件　　(b) 抱钳装夹工作　　(c) 分度头和顶尖装夹工件　　(d) V形槽装夹工件

图 3-21　铣削键槽工件装夹方法

2. 铣削槽和导角

(1) 在立式铣床上用立铣刀或在卧式铣床上用三面刃盘铣刀铣出直角槽,如图 3-22(a)(b)所示;

(2) 在立式铣床上用 T 形槽铣刀铣出 T 形底槽,如图 3-22(c)所示;

(3) 用倒角铣刀对槽口进行倒角,如图 3-22(d)所示。

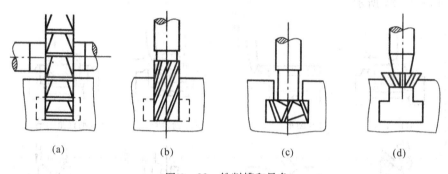

图 3-22　铣削槽和导角

由于 T 形槽铣刀的颈部较细,强度较差,铣 T 形槽时铣削条件差,因此应选择较小的铣削用量,并应在铣削过程中充分冷却和及时排除切屑。

(四) 齿形铣削

通常采用成形法在铣床上加工齿轮。成形法是利用与被加工的齿形相同或相近形状的齿轮铣刀,使用分度头分度,将齿轮的齿形逐个铣削出来。齿轮铣刀又称为模数铣刀,在卧式铣床上采用圆盘式齿轮铣刀,在立式铣床上采用指状齿轮铣刀,如图 3-23 所示。

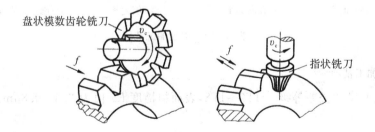

图 3-23　成形法加工齿轮

成形法加工的齿轮精度较低(IT11～IT9),齿面粗糙度较差,齿形存在一定误差,且生产率较低,生产成本低,只适合单件生产和修配精度要求不高的齿轮加工。

第二节 刨削加工

一、概述

(一)刨削加工的特点

刨削加工是一种间歇性的切削加工方式。刨刀在切削过程中,需要承受较大的冲击力,故刨削的切削速度较低。在通常情况下,返回行程刨刀不进行切削,所以刨削生产率较低。但是由于刨削机床及刀具的结构简单、价格低廉,刨削加工广泛应用于单件、小批量生产及维修中。

(二)刨削加工范围

在金属切削加工中,刨削主要用来加工平面、斜面、沟槽及成形面,还可加工精度要求较低的齿轮,如图 3-24 所示。

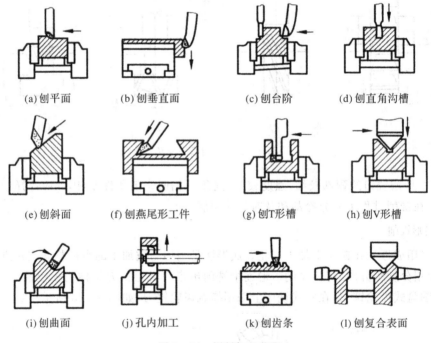

(a)刨平面　　(b)刨垂直面　　(c)刨台阶　　(d)刨直角沟槽
(e)刨斜面　　(f)刨燕尾形工件　　(g)刨T形槽　　(h)刨V形槽
(i)刨曲面　　(j)孔内加工　　(k)刨齿条　　(l)刨复合表面

图 3-24 刨削加工范围

(三)刨削加工精度

刨削加工的尺寸公差等级为 IT9～IT8,表面粗糙度 Ra 值为 $6.3\sim0.8\mu m$。

二、刨床

采用刨削加工方式的机床主要有牛头刨床和龙门刨床。

(一)牛头刨床

1. 牛头刨床的组成

牛头刨床主要由床身、滑枕、刀架、横梁和工作台组成,其外形如图 3-25 所示。

(1)床身用于固定和支承刨床各部件;

(2)滑枕前端安装刀架,可沿床身水平导轨作直线往复运动;

(3)刀架又称牛头,由转盘、溜板、刀座、抬刀板、刀夹、手柄等组成,主要作用是夹持刨刀,并可使刨刀倾斜一定角度;

(4)横梁可沿床身垂直导轨垂直移动;

(5)工作台承载、装夹工件,可沿横梁导轨水平移动。

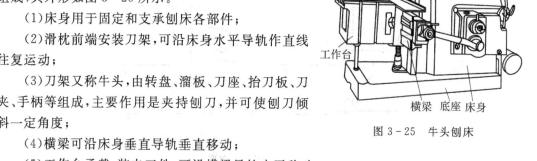

图 3-25 牛头刨床

2. 牛头刨床传动系统

牛头刨床的主运动为滑枕带动刨刀作直线往复运动,其传动路线为:电动机→皮带轮→齿轮变速机构→曲柄摆杆机构。进给运动为工作台作水平或垂直运动,其传动路线为:电机→皮带轮→齿轮变速机构→棘轮机构→进给丝杠→工作台。

(二)龙门刨床

龙门刨床主要用来刨削大型工件或一次刨削若干个中小型工件,如图 3-26 所示。刨削时,工件安装在工作台上,工作台的直线往复运动为主运动。横梁和立柱上装有刀架,刀架的垂直和横向运动为进给运动。龙门刨床刚性好,加工精度和生产效率都比牛头刨床高,还可在刀架上加装动力铣头,提高生产效率。

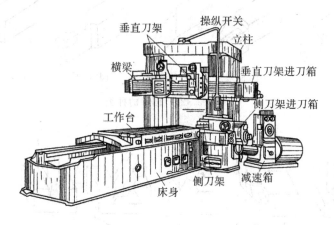

图 3-26 龙门刨床

三、刨刀

(一)刨刀的结构特点

刨刀的种类很多,常用的刨刀形状及应用如图 3-27 所示。由于刨削加工的不连续性,刨刀在切入工件时受到很大的冲击力,所以刨刀的刀杆横截面一般较大,以提高刀杆的强度。刨刀的刀杆有直杆和弯杆两种形式,由于刨刀在受到较大切削力时,刀杆会绕 O 点向后弯曲变形。弯杆刨刀变形时,刀尖不会啃入工件,而直杆刨刀的刀尖会啃入工件,造成刀具及加工表面的损坏,所以弯杆刨刀在刨削加工中应用较多。

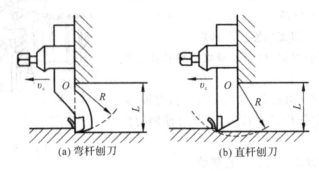

图 3-27 刨刀的变形

(二)刨刀的种类及其应用

刨刀的种类很多,按加工形式和用途的不同,有各种不同的刨刀。常用的有平面刨刀、偏刀、角度偏刀、切刀和弯切刀等,如图 3-28 所示。

各种刨刀的用途如图 3-29 所示。平面刨刀用于加工水平面,如图 3-29(a)所示;偏刀加工垂直和外斜面,如图 3-29(b)(c)所示;角度偏刀加工内斜面和燕尾槽,如图 3-29(d)所示;切刀加工直角槽和切断工件,如图 3-29(e)所示;弯切刀加工 T 形槽,如图 3-29(f)所示。

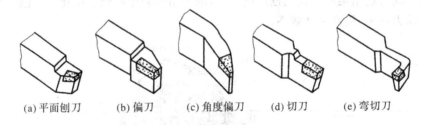

图 3-28 刨刀的种类

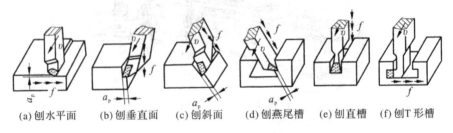

图 3-29 刨刀的用途

(三)刨刀的安装

(1)刨平面时,刀架和刀座都应处在中间垂直位置,如图 3-30 所示。

(2)刨刀在刀架上不能伸出太长,以免在加工中发生振动和断裂。直头刨刀的伸出长度一般不宜超过刀杆厚度的 1.5~2 倍。弯头刨刀可以伸出稍长一些,一般稍长于弯曲部分的长度。

(3)在装刀或卸刀时,一只手扶住刨刀,另一只手由上而下或倾斜向下用力扳转螺钉将刀具压紧或松开。用力方向不得由下而上,以免抬刀板翘起或夹伤手指。

四、典型表面的刨削

(一)刨削平面

刨削平面的步骤如下:

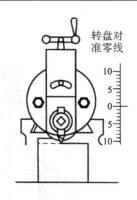

图 3-30　刨刀的正确安装方法

(1)工件装夹。根据工件的形状和大小来选择安装方法,对于小型工件通常使用平口钳进行装夹,如图 3-31 所示。对于大型工件或平口钳难以夹持的工件,可使用 T 形螺栓和压板将工件直接固定在工作台上,如图 3-32 所示。为保证加工精度,在装夹工件时,应根据加工要求,使用划针、百分表等工具对工件进行找正。

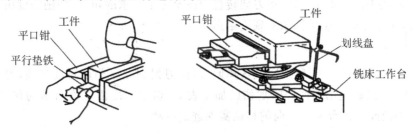

图 3-31　平口钳装夹工件

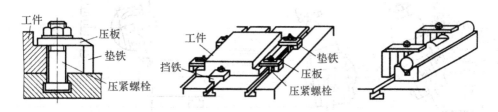

图 3-32　螺栓和压板装夹工件

(2)安装刨刀。选择普通平面刨刀,安装在刀夹上,如图 3-33 所示。刀头不能伸出太长,以免刨削时产生较大振动,刀头伸出长度一般为刀杆厚度的 1.5~2 倍。由于刀夹是可以抬起的,所以无论是装刀还是卸刀,用扳手拧刀夹螺丝时,施力方向都应向下。

(3)调整机床。将刀架刻度盘刻度对准零线,根据刨削长度调整滑枕的行程及滑枕的起始位置,设置合适的行程速度和进给量,调整工作台将工件移至刨刀下面,如图 3-34 所示。

(4)对刀。开动机床,转动刀架手柄,使刨刀轻微接触工件表面。

(5)进刀。停机床,转动刀架手柄,使刨刀进至选定的切削深度并锁紧。

(6)开动机床。刨削工件 1~1.5 mm 宽时,先停机床,检测工件尺寸,再开机床,完成平面刨削加工。

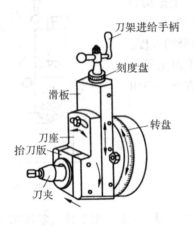
图 3-33 刨刀的安装

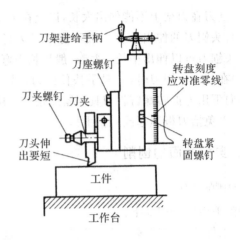
图 3-34 机床调整

(二)刨削斜面

刨斜面时,如图 3-35 所示。将刀架转盘倾斜至加工要求的角度,切削深度由工作台横向移动来调整,通过转动刀座手柄来实现进给运动。

(三)刨垂直面

刨垂直面时,如图 3-36 所示。应选择偏刀,将刀架刻度盘刻度对准零线,刀座偏转一定角度(10°~15°),以避免刨刀回程时划伤已加工表面,切削深度由工作台横向移动来调整,通过转动刀座手柄或工作台垂直方向的移动实现进给运动。

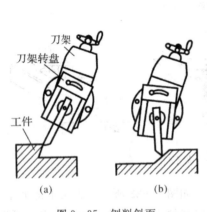
图 3-35 刨削斜面

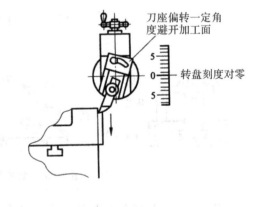
图 3-36 刨垂直面

(四)刨削沟槽

在刨削沟槽时,一般先在工件端面划出加工线,然后装夹找正,为保证加工精度,应在一次装夹中完成加工。刨直槽时,选用切槽刀,刨削过程与刨垂直面方法相似。刨 T 形槽时,如图 3-37 所示。先用切槽刀刨出直槽,然后用左、右弯刀刨出凹槽,最后

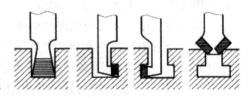
图 3-37 刨 T 形槽

用45°刨刀刨出倒角。

刨V形槽时,如图3-38所示,其刨削方法是将刨平面与刨斜面的方法综合进行:
(1)先用刨平面的方法刨出V形槽轮廓;
(2)用切槽刀切出V形槽的退刀槽;
(3)用刨斜面的方法刨出左、右斜面。

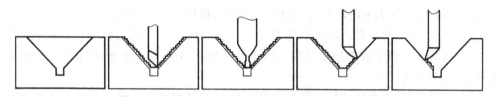

图3-38 刨V形槽

第三节 磨削加工

磨削就是利用高速旋转的磨具(砂轮、砂带、磨头等)从工件表面切削下细微切屑的加工方法。

一、概述

(一)磨削加工的范围

磨削的加工范围很广,粗加工时,主要用于材料的切断,倒角,清除工件的毛刺、铸件上的浇冒口和飞边等工作,如图3-39所示。精加工时,可磨削零件的内外圆柱面、内外圆锥面和平面,还可加工螺纹、齿轮、花键等成形表面。

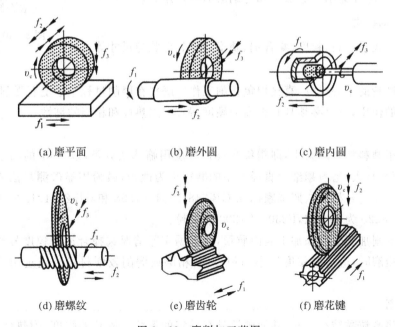

(a)磨平面　　(b)磨外圆　　(c)磨内圆

(d)磨螺纹　　(e)磨齿轮　　(f)磨花键

图3-39 磨削加工范围

(二)磨削加工的特点

在机械制造业中,磨削加工是对工件进行精密加工的主要方法之一。磨削加工具有以下特点。

(1)切削速度高。磨削加工时,砂轮以 20~50m/s 的速度高速旋转,由于切削速度很高,产生大量的切削热,工件加工表面温度可达 1 000℃以上。为防止工件材料在高温下发生性能改变,在磨削时应使用大量的冷却液,降低切削温度,保证加工表面质量。

(2)多刃、微刃切削。磨削用的砂轮是由许多细小的硬度很高的磨粒用黏合剂黏结而成的,砂轮表面每平方厘米的磨粒数量为 60~1 400 颗,每个磨粒的尖角相当于一个切削刀刃,形成多刃、微刃切削。

(3)加工精度高,表面质量好。由于磨粒体积微小,其切削厚度可以小到几微米,所以磨削加工的尺寸公差等级较高,可达 IT6~IT5,表面质量较好,表面粗糙度值 Ra 可达 0.8~0.2μm。高精度磨削时 Ra 可达 0.1~0.008μm。

(4)磨粒硬度高。砂轮的磨粒材料通常采用 Al_2O_3、SiC,人造金刚石等硬度极高的材料,因此,磨削不仅可以加工碳钢、铸铁和有色金属等常用金属材料,而且可以加工其他切削方法不能加工的各种硬材料,如淬硬钢、硬质合金、超硬材料、宝石、玻璃等。

(5)磨削不宜加工较软的有色金属。一些有色金属由于硬度低而塑性很好,用砂轮进行磨削时,磨屑会黏在磨粒上而不脱落,很快将磨粒空隙堵塞,使磨削无法进行。

二、砂轮

砂轮是磨削加工中最常用的磨具,是由许多极硬的磨粒材料经过黏合剂黏结而成的多孔体,如图 3-40 所示。磨料、黏合剂和孔隙构成砂轮结构的三要素。磨料起切削作用,黏合剂使砂轮具有一定的形状、硬度和强度,孔隙在磨削中起散热和容纳磨屑的作用。

图 3-40 砂轮的结构

(一)砂轮的特性

砂轮特性包括磨料、粒度、黏合剂、硬度、组织、形状与尺寸等。

1. 磨料

磨料是砂轮的主要成分,直接担负切削工作。磨料在磨削过程中承受着强烈的挤压力、摩擦力及高温的作用,所以必须具有很高的硬度、强度、耐热性和相当的韧性。

2. 粒度

粒度是指磨料颗粒的大小,即粗细程度。粒度用筛选法分类,以 1 in^2 的筛子上的孔眼数来表示,粒度号越大,磨粒越细。直径很小的磨粒称为微粉,微粉用显微测量法测量到的实际尺寸来表示。粒度号标准依照国家标准 GB 2481.1.1—1998 和 GB 2481.1.2—1998 分 37 个粒度号,F4~F220 为粗磨粒,F230~F1200 为微粉。

为提高磨削加工效率和加工表面质量,应根据实际情况选择合适的粒度号砂轮。在磨削较软材料或粗磨时,应选用粒度号小的粗砂轮,精磨或磨削较硬材料时应选用粒度号大的细砂轮。

3. 黏合剂

黏合剂将磨粒黏结在一起,并使砂轮具有一定的形状。砂轮的强度、耐热性、耐冲击性及耐腐蚀性等性能都取决于黏合剂的性能。常用的黏合剂有陶瓷黏合剂(代号为 V)、树脂黏合剂(代号为 B)和橡胶黏合剂(代号为 R)。陶瓷黏合剂由于耐热、耐水、耐油、耐酸碱腐蚀,且强度大,应用范围最广。

4. 硬度

砂轮硬度不是指磨料的硬度,而是指黏合剂对磨粒黏结的牢固程度。磨粒易脱落,则砂轮的硬度低;不易脱落,则砂轮的硬度高。在磨削时,应根据工件材料的特性和加工要求来选择砂轮的硬度。一般情况下磨削较硬材料应选择软砂轮,可使磨钝的磨粒及时脱落,及时露出具有尖锐棱角的新磨粒,有利于切削顺利进行,同时防止磨削温度过高"烧伤"工件。磨削较软材料时则采用硬砂轮,精密磨削应采用软砂轮。砂轮硬度代号以英文字母表示,字母顺序越大,砂轮硬度越高。

5. 组织

砂轮的组织表示磨粒、黏合剂和气孔三者之间的比例。砂轮的组织号以磨粒所占砂轮体积的百分比来确定。组织号分 15 级,以阿拉伯数字 0~14 表示,组织号越大,磨粒所占砂轮体积的百分比越小,砂轮组织越松。一般磨削加工使用中等组织的砂轮,精密磨削应采用紧密组织砂轮,磨削较软的材料应选用疏松组织的砂轮。

6. 形状与尺寸

为了磨削各种形状和尺寸的工件,可将砂轮制成各种形状和尺寸。表 3-1 为常用砂轮的形状、代号。

表 3-1 常用砂轮的形状、代号

砂轮名称	代号	简图	主要用途
平形砂轮	1		用于磨外圆、内圆、平面、螺纹及无心磨等
双斜边形砂轮	4		用于磨削齿轮和螺纹
薄片砂轮	41		主要用于切断和开槽等
筒形砂轮	2		用于立轴端面磨
杯形砂轮	6		用于磨平面、内圆及刃磨刀具
碗形砂轮	11		用于导轨磨及刃磨刀具
碟形砂轮	12a		用于磨铣刀、铰刀、拉刀等,大尺寸的用于磨齿轮端面

(二)砂轮的安装和修整

1. 砂轮的检查

砂轮安装前必须先进行外观检查和裂纹检查,以防止高速旋转时砂轮破裂导致安全事故。检查裂纹时,可用木锤轻轻敲击砂轮,声音清脆的为没有裂纹的砂轮。

2. 砂轮的平衡

由于多种原因,在制造和安装中,砂轮的重心与其旋转中心往往不重合,这样会造成砂轮在高速旋转时产生振动,轻则影响加工质量,严重时会导致砂轮破裂和机床损坏。所以砂轮安装在法兰盘上后必须对砂轮进行静平衡。如图3-41所示,砂轮装在法兰盘上后,将法兰盘套在心轴上,再放在平衡架导轨上。如果不平衡,砂轮较重的部分总是会转到下面,移动法兰盘端面环形槽内的平衡块位置,调整砂轮的重心进行平衡,反复进行,直到砂轮在导轨上任意位置都能静止不动,此时砂轮达到静平衡。安装新砂轮时,砂轮要进行两次静平衡。第一次静平衡后,装上磨床用金刚石笔对砂轮外形进行修整,然后卸下砂轮再进行一次静平衡才能安装使用。

3. 安装砂轮

通常采用法兰盘安装砂轮,两侧的法兰盘直径必须相等,其尺寸一般为砂轮直径的一半。砂轮和法兰之间应垫上0.5~3 mm厚的皮革或耐油橡胶弹性垫片,砂轮内孔与法兰盘之间要有适当间隙,以免磨削时主轴受热膨胀而将砂轮胀裂,如图3-42所示。

4. 修整

砂轮工作一段时间后,磨粒会逐渐变钝,磨屑将砂轮表面孔隙堵塞,砂轮几何形状也会发生改变,造成磨削质量和生产率都下降,这时需要对砂轮进行修整。修整砂轮通常用金刚石笔进行,利用高硬度的金刚石将砂轮表层的磨料及磨屑清除掉,修出新的磨粒刃口,恢复砂轮的切削能力,并校正砂轮的外形。

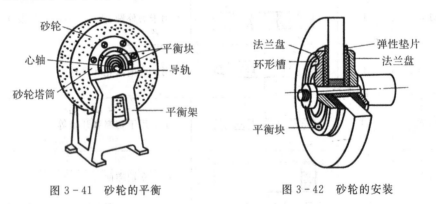

图3-41 砂轮的平衡　　　　图3-42 砂轮的安装

三、磨床

磨床有外圆磨床、内圆磨床、平面磨床、无心磨床、导轨磨床、齿轮磨床、工具磨床等多种类型。此处只简要介绍前四者。

(一)万能外圆磨床

万能外圆磨床可以加工工件的外圆柱面、外圆锥面、内圆柱面、内圆锥面、台阶面和端面。外圆磨床主要由以下几部分组成,如图3-43所示。

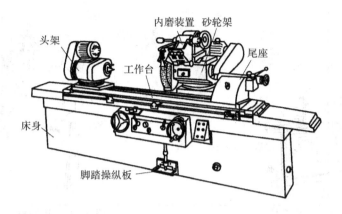

图 3-43 外圆磨床

(1)床身：用来支承机床各部件，内部装有液压传动系统，上部装有工作台和砂轮架等部件。

(2)工作台：有两层，下层工作台可沿床身导轨作纵向直线往复运动，上层工作台可相对下层工作台在水平面偏转一定的角度(-3°～9°)，以便磨削小锥度的圆锥面。

(3)头架：安装在上层工作台上，头架内装有主轴，主轴前端可安装卡盘、顶尖、拨盘等附件，用于装夹工件。主轴由单独的电动机经变速机构带动旋转，实现工件的圆周进给运动。

(4)砂轮架：安装在砂轮架主轴上，由单独的电动机通过皮带传动带动砂轮高速旋转，实现切削主运动。砂轮架安装在床身的横向导轨上，可沿导轨作横向进给，还可水平旋转±30°，用来磨削较大锥度的圆锥面。

(5)内圆磨头：安装在砂轮架上，其主轴前端可安装内圆砂轮，由单独电动机带动旋转，用于磨削内圆表面。内圆磨头可绕其支架旋转，使用时放下，不使用时向上翻起。

(6)尾架：安装在上层工作台，用于支承工件。

(二)内圆磨床

内圆磨床主要用于磨削圆柱孔、圆锥孔及端面等。如图 3-44 所示是内圆磨床的外形图。头架可以绕垂直轴线转动一个角度，以便磨削锥孔。工作转数能作无级调整，砂轮架安放在工作台上，工作台由液压传动，作往复运动，也能作无级调速，而且砂轮趋近及退出时能自动变为快速，以提高生产效率。

(三)平面磨床

平面磨床分为立轴式和卧轴式两类，立轴式平面磨床用砂轮的端面磨削平面。卧轴式平面磨床主要由床身、工作台、磨头、立柱、砂轮修整器等部分组成。

平面磨床用砂轮的圆周磨削平面。如图 3-45 所示为卧轴矩台式平面磨床。

该磨床的矩形工作台装在床身的水平纵向导轨上，由液压传动实现其往复运动，也可用手轮操纵以便进行必要的调整。另外，工作台上还有电磁吸盘，用来装夹工件。

砂轮装在磨头上，由电动机直接驱动旋转。磨头沿滑板的水平导轨可作横向进给运动，该运动可由液压驱动或由手轮操纵。滑板可沿立柱的垂直导轨移动，以调整磨头的高低位置及完成垂直进给运动，这一运动通过转动手轮来实现。

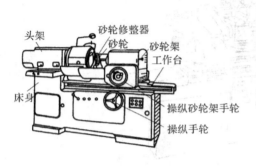

图3-44 内圆磨床

图3-45 卧轴矩台式平面磨床

(四)无心磨床

无心外圆磨床的结构完全不同于一般的外圆磨床,其工作原理如图3-46所示。磨削时,工件不需要夹持,而是将工件放在砂轮与导轮间,由托板支持着;工件轴线略高于砂轮与导轮轴线,以避免工件在磨削时产生圆度误差;工件由橡胶黏合剂制成的导轮带着做低速旋转,并由高速旋转着的砂轮进行磨削。

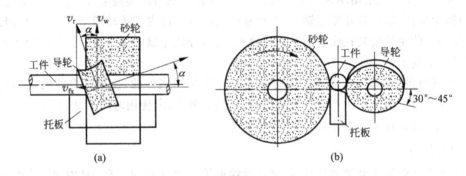

图3-46 无心外圆磨床工作原理

无心外圆磨削的生产效率高,主要用于成批及大量生产中磨削细长轴和无中心孔的短轴等。一般无心外圆磨削的精度为IT6～IT5级,表面粗糙度值Ra为0.8～0.2μm。

四、典型表面的磨削

(一)磨外圆

工件的外圆一般在普通外圆磨床或万能外圆磨床上磨削。常用的磨削外圆方法有纵磨法和横磨法两种。

1. 纵磨法

如图3-47所示,此法用于磨削长度与直径之比比较大的工件。磨削时,砂轮高速旋转,工件低速旋转并随工作台作纵向往复运动,在工件改变移动方向时,砂轮作间歇性径向进给。纵磨法的特点是可用同一砂轮磨削长度不同的各种工件,且加工质量好。在单件小批量生产以及精磨时广泛采用这种方法。

2. 横磨法

如图3-48所示,此法又称径向磨削法或切入磨削法。当工件刚性较好,待磨表面较短时,可以选用宽度大于待磨表面长度的砂轮进行横磨。横磨时,工件无纵向往复运动,砂轮以很慢的速度连续地或断续地向工件作径向进给运动,直到磨去全部余量为止。横磨法的特点是充分发挥了砂轮的切削能力,生产率高。但是横磨时,工件与砂轮的接触面积大,工件易发生变形和烧伤,故这种磨削法仅适用于磨削短的工件、阶梯轴的轴颈和粗磨等。

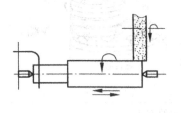
图3-47 纵磨法

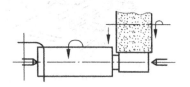
图3-48 横磨法

(二)磨内孔和内圆锥面

内圆和内圆锥面可在内圆磨床或万能外圆磨床上用内圆磨头进行磨削,如图3-49所示。磨内圆和内圆锥面使用的砂轮直径较小,尽管它的转速很高,但磨削速度仍比磨削外圆时低,使工件表面质量不易提高。砂轮轴细而长,刚性差,磨削时易产生弯曲变形和振动,故切削用量要低一些。此外,内圆磨削时的磨削热大,而冷却及排屑条件较差,工件易发热变形,砂轮易堵塞,因而内圆和内圆锥面磨削的生产效率低,而且加工质量也不如外圆磨削高。

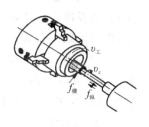
图3-49 磨内圆

(三)磨外圆锥面

磨外圆锥面与磨外圆的主要区别是工件和砂轮的相对位置不同。磨外圆锥面时,工件轴线必须相对于砂轮轴线偏斜一圆锥角。常用转动上工作台或转动头架的方法磨外圆锥面,如图3-50所示。

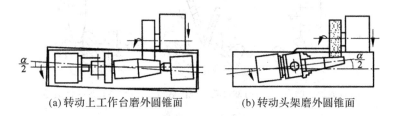

(a) 转动上工作台磨外圆锥面　　(b) 转动头架磨外圆锥面

图3-50 磨外圆锥面

(四)磨平面

磨平面一般使用平面磨床。平面磨床工作台通常采用电磁吸盘来安装工件。对于钢、铸铁等导磁工件,可直接安装在工作台上;对于铜、铝等非导磁性工件,要通过精密平口钳等装夹。

根据磨削时砂轮工件表面的不同,平面磨削的方式有两种,即周磨法和端磨法,如图3-51

所示。

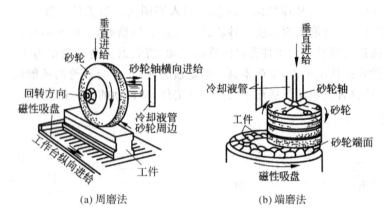

(a) 周磨法　　　　　　(b) 端磨法

图 3-51　磨平面的方法

(1) 周磨法是用砂轮圆周面磨削平面,如图 3-51(a)所示。周磨时,砂轮与工件接触面积小,排屑及冷却条件好,工件发热量少,因此磨削易翘曲变形的薄片工件,能获得较好的加工质量,但磨削效率较低。

(2) 端磨法是用砂轮端面磨削平面,如图 3-51(b)所示。端磨时,由于砂轮轴伸出较短,而且主要是受轴向力,因而刚性较好,能采用较大的磨削用量。此外,砂轮与工件接触面积大,因而磨削效率高。但发热量大,也不易排屑和冷却,故加工质量较周磨法低。

(五) 磨齿轮

磨齿是在磨齿机上用高速旋转的砂轮对经过淬硬的齿面进行加工的方法。磨齿按其加工原理不同可分为成形法磨齿[见图 3-52(a)]和展成法磨齿两种,而展成法磨齿又根据所用砂轮和机床的不同,可分为双砂轮展成法磨齿[见图 3-52(b)]和单砂轮展成法磨齿[见图 3-52(c)]。

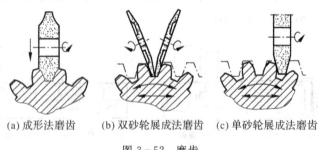

(a) 成形法磨齿　　(b) 双砂轮展成法磨齿　　(c) 单砂轮展成法磨齿

图 3-52　磨齿

第四章 焊　　接

第一节　概　　述

焊接是通过加热或加压,或两者并用,并且用或不用填充材料使焊件达到原子结合的一种加工方法。因此,焊接是一种重要的金属加工工艺,它能使分离的金属连接成不可拆卸的牢固整体,是现代工程中广泛应用的制造各种金属结构和机械零件的工艺方法。

一、焊接的分类

焊接的方法很多,按焊接过程中被焊金属所处状态不同,可分为熔化焊、压力焊和钎焊三大类(见图4-1)。

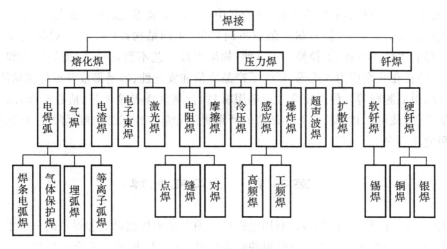

图4-1　常用的焊接方法

1. 熔化焊

熔化焊的主要特点是,将被焊工件的接头处局部加热到熔化状态(一般都需加入填充金属),并形成共同的熔池,待冷凝后,形成牢固的接头,从而将两工件焊接成为一个整体。

2. 压力焊

它的特点是,焊接时,被焊工件的接头处不论加热或不加热,都要加压,并在压力的作用下使被焊工件产生一定的塑性变形,从而形成牢固接头。

3. 钎焊

它的主要特点是将比焊件熔点低的钎料和焊件一同加热,加热到焊件不熔化,只是钎料熔化后,填满同焊件连接处的间隙,使焊件与钎料之间的原子相互扩散,待钎料凝固后,形成牢固的接头。

二、焊接的特点和应用

焊接具有下列特点:

(1)可节约材料和工时。用焊接代替铆接,可节约金属材料15%~20%。所以用焊接方法制造的运输设备不仅自重轻,而且可提高运输效率。焊接比铆接工序简单,所以可节约大量的工时和劳动力。另外,焊接件的强度也比铆接件高。

(2)焊接件气密性比铆接件好。

(3)可化大为小,拼小成大。可以把大型的、形状复杂的机器零件化为多个小的简单零件,分别制造,然后用焊接的方法拼成大件。此外,还可采用焊接和铸造、焊接与锻造制成铸焊组合件、锻焊组合件,从而实现用小型铸、锻设备生产大零件。

(4)可制成双金属结构。用焊接方法可制造复合层容器,还可对不同材料的零件进行对焊、摩擦焊等,这样不仅可以满足设备、刀具的特殊性能要求,还可以节约贵重金属。

(5)噪声小,劳动条件较好,易实现机械化和自动化。

由于焊接具有以上优点,所以应用非常广泛。如建筑厂房的金属折架、高炉或平炉的炉壳、轮船的船体、起重机、锅炉、发电机、汽轮机中的一些重要零、部件,都是用焊接方法制造的。

焊接产品灵活方便,并能较快地组织不同批量、不同结构件的生产。焊接也存在一些问题,例如,焊后零件不可拆,更换修理不方便;如果焊接工艺不当,焊接接头的组织和性能会变坏;焊后工件存在残余应力和变形,影响了产品质量和安全性;容易形成各种焊接缺陷,如应力集中、裂纹、引起脆断等。但只要合理地选用材料、合理选择焊接工艺、精心操作,以及采用严格的科学管理,就可以将焊接问题及缺陷的严重程度和危害性降低到最低限度,保证焊件结构的质量和使用寿命。

第二节 手工电弧焊

手工电弧焊(简称"手弧焊")是利用电弧产生的热量来熔化母材和焊条的一种手工操作的焊接方法,如图4-2所示。手工电弧焊的设备简单,操作方便,所以至今仍是焊接生产中的主要方法之一。

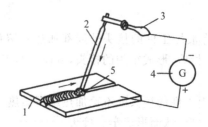

1—工件;2—焊条;3—焊钳;4—弧焊机;5—电弧

图4-2 手工电弧焊

一、焊接过程

(一)焊接电弧的产生

焊接电弧是在两电极之间的气体介质中强烈持久的放电现象。为了产生电弧,必须使两电极之间的气体电离导电。因此,引燃焊接电弧的过程是一个使电极发射电子并使气体介质电离的过程。焊接电弧的引燃一般采用接触引弧,即用敲击法或摩擦法引弧。引弧时,先使焊条和工件接触,形成短路。由于焊条和工件的接触面凹凸不平,仅在某些点上接触,故接触点上电流密度很大,在电阻热作用下,这些接触点被加热熔化。然后提起焊条,在电场力的作用下,焊条的高温端放出大量电子,撞击周围气体介质,使焊条与工件之间的中性气体电离,正离子冲向阴极,负离子冲向阳极,于是形成了焊接电弧。

(二)熔池和焊缝的形成

电弧的燃烧使焊件接头和焊条同时熔化,并在焊件接头处形成熔池,焊条芯形成的金属熔滴在重力、电弧吹力和电磁力的作用下落入熔池中;焊条中的药皮在电弧热作用下分解、燃烧并熔化,一部分变成气体包围在电弧周围,另一部分与熔池中的液态金属发生物理化学作用,生成熔渣,覆盖在熔池表面。电弧向前移动,焊件接头和焊条不断熔化形成新的熔池,原来的熔池冷却凝固形成焊缝,其表面的熔渣则凝成渣壳。

(三)电弧的构造、热量及温度分布

焊接电弧由阴极区、阳极区、弧柱区三部分组成,如图 4-3 所示。

据测定,焊接钢材时,其各区温度分布不同。阴极区温度在 2 400K 左右,其热量占电弧总热量的 38%;阳极区温度为 2 600K 左右,其热量占电弧总热量的 42%;弧柱中心温度可达 6 000~8 000K,其热量占 20%。

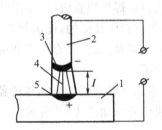

1—焊件;2—焊条;3—阴极区;4—弧柱;5—阳极区
图 4-3 电弧的组成

二、手工电弧焊机

(一)对手工电弧焊机的要求

(1)有适当的空载电压。从容易引弧的角度来看,空载电压越高引弧越容易。但过高的空载电压会危及焊工的安全,因此空载电压一般为 50~80V。

(2)具有良好的动特性。焊接电源的端电压值,从短路后的零值恢复到工作电压(20~30V)的时间间隙不应太长,否则会造成引弧困难。

(3)较小的短路电流。过大的短路电流会破坏设备的绝缘层,并使熔化金属的飞溅和烧损

加剧。通常限定短路电流为工作电流的1.25~2倍。

(4)焊接电流要能在较大的范围内均匀调节。

(二)手工电弧焊机的种类、特点及接线方法

手工电弧焊机分为直流弧焊机和交流弧焊机两类。

(1)交流弧焊机。交流弧焊机是一种特殊性能的降压变压器,也称焊接变压器。为了满足焊接需要,弧焊机的电流可进行粗调节和细调节(见图4-4)。

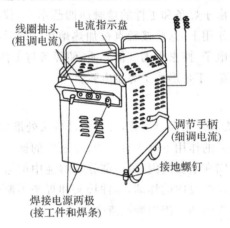

图4-4 交流弧焊机

粗调是改变接线板上输出线头的接法,从而改变内部线圈绕组的圈数,以实现电流的大范围调节;细调是通过转动调节手柄,从而移动活动铁芯的位置,可实现小范围内调节电流。所需电流数值可在指示盘上读出。

(2)直流电焊机。直流电焊机供给焊接用直流电,常用的有两大类:

发电机式直流电焊机由一台具有特殊性能的,能满足焊接要求的直流发电机供给焊接电流,发电机由一台同轴的交流电动机带动,二者装在一个机壳里,组成一台直流电焊机。发电机式直流电焊机外形如图4-5所示。

整流器式直流电焊机用大功率的硅整流原件组成整流器,将符合焊接需要的交流电源整成直流,供给焊接用。这种电焊机的外形如图4-6所示。

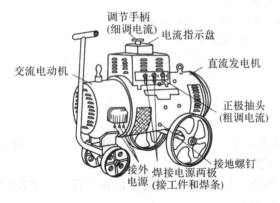

图4-5 发电机式直流电焊机

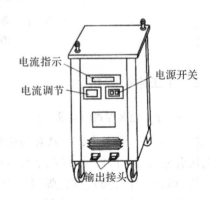

图4-6 整流器式直流电焊机

与发电机式直流电焊机比较,这种直流电焊机没有旋转部分,结构简单,维修容易、噪声小,是一种正在发展的有前途的焊接电源。

(3)交、直流电焊机的比较。交流电焊机结构简单、价廉、工作噪声小、使用可靠、维修方便,但在焊接时电弧不如直流电源稳定,对某些种类的焊条不能适应。直流电焊机焊接时电弧稳定,能适应各种焊条,但结构比较复杂,价贵,噪声大。这些缺点在整流器式直流电焊机上得到一定改进。

直流弧焊机输出端有正、负极之分,焊接时电弧两端极性不变。弧焊机的正、负两极与焊条、工件有两种不同的接线法:将工件接到弧焊机正极,焊条接至负极,这种接法称正接,又称正极性[见图4-7(a)];反之,将工件接到负极,焊条接至正极,称为反接,又称反极性[见图4-7(b)]。焊接厚板时,一般采用直流正接,这是因为电弧正极的温度和热量比负极高,采用正接能获较大的熔深。焊接薄板时,为了防止烧穿,常采用反接。

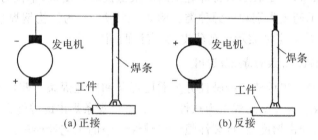

图4-7 直流弧焊机的不同接线法

三、电焊条

(一)焊条的组成及其作用

手工电弧焊焊条由焊芯和药皮(或称涂料)两部分组成,如图4-8所示。

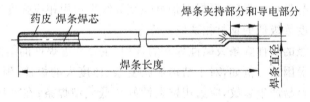

图4-8 电焊条

焊芯是一根具有一定直径和长度的金属丝。焊接时焊芯起两种作用:一是作为电极产生电弧,二是熔化后作为填充金属与熔化的母材一起形成焊缝。焊条芯的直径即为焊条的名义尺寸,常用的有3.2~4.5mm等几种。每根焊条长为350~450mm。

药皮是压涂在焊芯上的涂料层。它是由多种矿石粉、有机物粉、铁合金粉和黏结剂等原料按一定比例配制而成。由于药皮内有稳弧剂、造气剂和造渣剂等的存在,所以药皮的主要作用有:

(1)稳定。电弧药皮中某些成分可促使气体粒子电离,从而使电弧容易引燃,并稳定燃烧和减少熔滴飞溅等。

(2)保护熔池。在高温电弧的作用下,药皮分解产生大量的气体和熔渣,防止熔滴和熔池金属与空气接触。熔渣凝固后形成渣壳覆盖在焊缝表面上,防止了高温焊缝金属被氧化,同时可减缓焊缝金属的冷却速度。

(3)改善焊缝质量。通过熔池中的冶金反应进行脱氧、去硫、去磷、去氢等有害杂质,并补充被烧损的有益合金元素。

(二)焊条分类及表示方法

按照国际(GB 980—1976)焊条牌号编制方法规定,我国焊条共分十大类。分别用汉语拼音字母"J"(结构钢焊条)、"B"(不锈钢焊条)、"R"(钼和铬铝耐热钢焊条)、"D"(堆焊焊条)、"W"(低温焊条)、"Z"(铸铁焊条)、"N"(镍及镍合金焊条)、"T"(铜及铜合金焊条)、"L"(铝及铝合金焊条)及"TS"(特殊用途焊条)。

焊条牌号表示方法:其首位汉字或字母表示类别;第二、三位数字,对于不同类型焊条含义各异,对结构钢焊条来说,是表示获得焊缝金属的最低抗拉强度值,单位为 MPa 的 1/10;最后一位阿拉伯数字表示药皮类别和电源种类。例如 J422 焊条,为结构钢焊条,42 表示焊缝金属的 $\sigma_b \geqslant 420 \mathrm{MPa}$,最后数字 2 表示钛钙药皮、交直流两用电源。

(三)酸性焊条和碱性焊条的特点及选用

结构钢焊条按照药皮熔渣的酸碱性分为酸性焊条和碱性焊条。药皮类别数字为 1～5 的焊条是酸性焊条;数字为 6,7 的焊条为碱性焊条。碱性焊条焊出的焊缝含氢少,含硫、磷少,焊缝的力学性能良好,冲击韧度高,抗裂性强。但碱性焊条的工艺性能较酸性焊条差,在焊接中还产生有害的氟化物气体。因此,重要焊接结构选用碱性焊条,而一般结构都选用酸性焊条。

焊条的种类与牌号很多,选用的是否恰当将直接影响焊接质量、生产率和产品成本。选用时应考虑下列原则:

(1)根据焊件的金属材料种类选用相应的焊条种类。例如,焊接碳钢或普通低合金钢,应选用结构钢焊条;焊接不锈钢或耐热钢等有特殊性能要求的钢材,应选用相应的专用焊条,以保证焊缝金属的主要化学成分和性能与母材相同。

(2)焊缝金属要与母材等强度,可根据钢材强度等级来选用相应强度等级的焊条。对异种钢焊接,应选用与强度等级低的钢材相适应的焊条。

(3)同一强度等级的酸性焊条或碱性焊条的选用,主要考虑焊件的结构形状、钢材厚度、载荷性能、钢材抗裂性等因素。例如,对于结构形状复杂、厚度大的焊件,因其刚性大,焊接过程中有较大的内应力,容易产生裂纹,应选用抗裂性好的低氢型焊条;在母材中碳、硫、磷等元素含量较高时,也应选用低氢型焊条;承受动载荷或冲击载荷的焊件应选择强度足够、塑性和韧性较高的低氢焊条。例如,焊件受力不复杂,母材质量较好、含碳量低,应尽量选用较经济的酸性焊条。

(4)焊条工艺性能要满足施焊操作需要,如在非水平位置焊接时,应选用适合于各种位置焊接的焊条。

四、电弧焊工艺

(一)焊接接头形式与焊缝坡口形式

1.焊接接头形式

焊缝的形式是由焊接接头的形式来决定的。根据焊件厚度、结构形状和使用条件的不同,最基本的焊接接头形式有对接接头、搭接接头、角接接头和T形接头,如图4-9所示。

对接接头受力比较均匀,使用最多,重要的受力焊缝应尽量选用此形式。

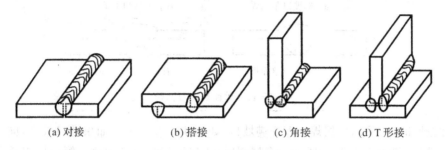

(a) 对接　　　(b) 搭接　　　(c) 角接　　　(d) T形接

图4-9　焊接接头形式

2. 焊缝坡口形式

焊接前把两焊件间的待焊处加工成所需的几何形状的沟槽称为坡口。坡口的作用是保证电弧能深入焊缝根部,使根部能焊透,便于清除熔渣,以获得较好的焊缝成形和保证焊缝质量。坡口加工称为开坡口,常用的坡口加工方法有刨削、车削和乙炔火焰切割等。

坡口形式应根据被焊件的结构、厚度、焊接方法、焊接位置和焊接工艺等进行选择,同时还应考虑能否保证焊缝焊透、是否容易加工、节省焊条、焊后减少变形以及提高劳动生产率等问题。

坡口包括斜边和钝边,为了便于施焊和防止焊穿,坡口的下部都要留有2 mm的直边,称为钝边。对接接头的坡口形式有I形、Y形、双Y形(X形)、U形和双U形,如图4-10所示。

焊件厚度小于6 mm时,采用I形,如图4-10(a)所示,不需开坡口,在接缝处留出0~2 mm的间隙即可。焊件厚度大于6 mm时,则应开坡口,其形式如图4-10(b)~(e)所示。其中:Y形加工方便;双Y形,由于焊缝对称,焊接应力与变形小;U形容易焊透,焊件变形小,用于焊接锅炉、高压容器等重要厚壁件;在板厚相同的情况下,双Y形和U形的加工比较费工。对I形、Y形、U形坡口,采取单面焊或双面焊均可焊透,如图4-11所示,当焊件一定要焊透时,在条件允许的情况下,应尽量采用双面焊。

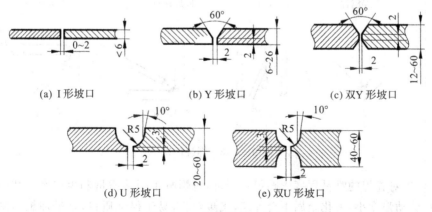

(a) I形坡口　　　(b) Y形坡口　　　(c) 双Y形坡口

(d) U形坡口　　　(e) 双U形坡口

图4-10　焊缝的坡口形式

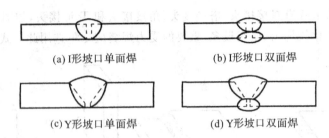

图 4-11　单面焊和双面焊

工件较厚时,要采用多层焊才能焊满坡口,如图 4-12 所示。如果坡口较宽,同一层中还可采用多道焊,如图 4-12(b)所示。多层焊时,要保证焊缝根部焊透。第一层焊道应采用直径为 3～4 mm 的焊条,以后各层可根据焊件厚度,选用较大直径的焊条。每焊完一道,必须仔细检查、清理,才能施焊下一道,以防止产生夹渣、未焊透等缺陷。焊接层数应以每层厚度小于 4～5 mm 的原则确定。当每层厚度为 $0.8l$～$1.2l$（l 为焊条直径)时,生产率较高。

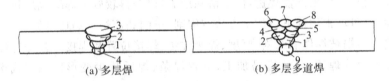

图 4-12　对接 Y 形坡口的多层焊

(二)焊接位置

熔化焊时,焊件接缝所处的空间位置,称为焊接位置。焊接位置有平焊、立焊、横焊和仰焊位置四种,如图 4-13 所示。

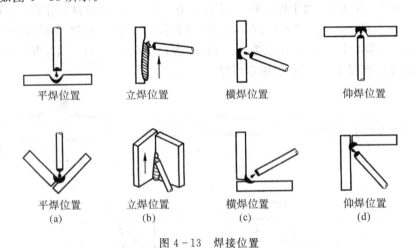

图 4-13　焊接位置

焊接位置对施焊的难易程度影响很大,从而也影响了焊接质量和生产率。其中平焊位置操作方便,劳动强度小,熔化金属不会外流,飞溅较少,易于保证质量,是最理想的操作空间位置,应尽可能地采用。立焊和横焊位置熔化金属有下流倾向,不易操作。而仰焊位置最差,操作难度大,不易保证质量。

(三)焊接速度

焊接速度是指单位时间内所完成的焊缝长度。它对焊缝质量影响也很大。焊接速度由焊工凭经验掌握,在保证焊透和焊缝质量的前提下,应尽量快速施焊。工件越薄,焊速应越快。图4-14表示焊接电流和焊接速度对焊缝形状的影响。其中图4-14(a)所示焊缝形状规则,焊波均匀并呈椭圆形,焊缝各部分尺寸符合要求,说明焊接电流和焊接速度选择合适。图4-14(b)所示焊接电流太小,电弧不易引出,燃烧不稳定,弧声变弱,焊波呈圆形,堆高增大且熔深减小。图4-14(c)所示焊接电流太大,焊接时弧声强,飞溅增多,焊条往往变得红热,焊波变尖,熔宽和熔深都增加。焊薄板时易烧穿。图4-14(d)所示的焊缝焊波变圆且堆高,熔宽和熔深都增加,这表示焊接速度太慢,焊薄板时可能会烧穿。图4-14(e)所示焊缝形状不规则且堆高,焊波变尖,熔宽和熔深都小,说明焊接速度过快。

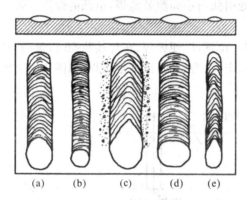

图4-14 电流、焊速、弧长对焊缝形状的影响

五、电弧焊的基本操作

1.焊接接头处的清理

焊接前接头处应除尽铁锈、油污,以便于引弧、稳弧和保证焊缝质量。除锈要求不高时,可用钢丝刷;要求高时,应采用砂轮打磨。

2.操作姿势

焊条电弧焊的操作姿势如图4-15所示。以对接和丁字形接头的平焊从左向右进行操作为例,操作者应位于焊缝前进方向的右侧;左手持面罩,右手握焊钳;左肘放在左膝上,以控制身体上部不作向下跟进动作;大臂必须离开肋部,不要有依托,应伸展自由。

图4-15 焊接时的操作姿势

3. 引弧

引弧就是使焊条与焊件之间产生稳定的电弧,以加热焊条和焊件进行焊接的过程。常用的引弧方法有划擦法和敲击法两种,如图 4-16 所示。焊接时将焊条端部与焊件表面通过划擦或轻敲接触,形成短路,然后迅速将焊条提起 2～4 mm,电弧即被引燃。若焊条提起距离太高,则电弧立即熄灭;若焊条与焊件接触时间太长,就会黏条,产生短路,这时可左右摆动拉开焊条重新引弧,或松开焊钳,切断电源,待焊条冷却后再作处理;若焊条与焊件经接触而未起弧,往往是焊条端部有药皮等妨碍了导电,这时可重击几下,将这些绝缘物清除,直到露出焊芯金属表面。

焊接时,一般选择焊缝前端 10～20 mm 处作为引弧的起点。对焊接表面要求很平整的焊件,可以另外引用引弧板引弧。如果焊件厚薄不一致、高低不平、间隙不相等,则应在薄件上引弧向厚件施焊,从大间隙处引弧向小间隙处施焊,由低的焊件引弧向高的焊件处施焊。

4. 焊接的点固

为了固定两焊件的相对位置,以便施焊,在焊接装配时,每隔一定距离焊上 30～40 mm 的短焊缝,使焊件相互位置固定,称为点固,或称定位焊,如图 4-17 所示。

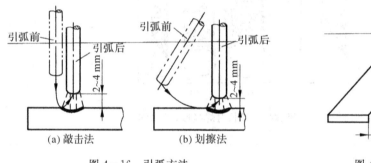

图 4-16 引弧方法

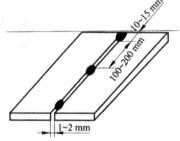

图 4-17 焊接的点固

5. 运条

焊条的操作运动简称为"运条"。焊条的操作运动实际上是一种合成运动,即焊条同时完成三个基本方向的运动:焊条沿焊接方向逐渐移动,焊条向熔池方向作逐渐送进运动,焊条横向摆动,如图 4-18 所示。

(1)焊条沿焊接方向的前移运动。其移动的速度称为焊接速度。握持焊条前移时,首先应掌握好焊条与焊件之间的角度。各种焊接接头在空间的位置不同,其角度有所不同。平焊时,焊条应向前倾斜 70°～80°,如图 4-19 所示,即焊条在纵向平面内,与正在进行焊接的一点上垂直于焊缝轴线的垂线,向前所成的夹角。此夹角影响填充金属的熔敷状态、熔化的均匀性及焊缝外形,能避免咬边与夹渣,有利于气流吹掉熔渣后覆盖焊缝表面以及对焊件有预热和提高焊接速度等。

(2)焊条的送进运动。送进运动是沿焊条的轴线向焊件方向的下移运动。维持电弧是靠焊条均匀的送进,以逐渐补偿焊条端部的熔化过渡到熔池内。进给运动应使电弧保持适当长度,以便稳定燃烧。

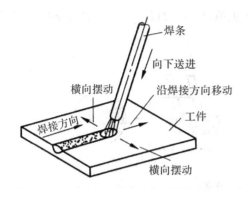 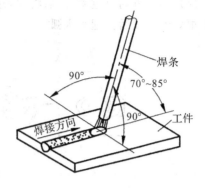

图 4-18 焊条的三个基本运动方向　　　　图 4-19 平焊的焊条角度

(3)焊条的摆动。焊条在焊缝宽度方向上的横向运动,其目的是为了加宽焊缝,并使接头达到足够的熔深,同时可延缓熔池金属的冷却结晶时间,有利于熔渣和气体浮出。焊缝的宽度和深度之比称为"宽深比",窄而深的焊缝易出现夹渣和气孔。焊条电弧焊的"宽深比"为2~3。焊条摆动幅度越大,焊缝就越宽。焊接薄板时,不必过大摆动甚至直线运动即可,这时的焊缝宽度为 $0.8d\sim1.5d$(d 为焊条直径);焊接较厚的焊件,需摆动运条,焊缝宽度可达焊条直径的3~5倍。根据焊缝在空间的位置不同,几种简单的横向摆动方式和常用的焊接走势如图4-20所示。

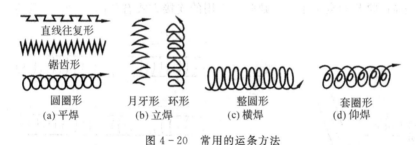

图 4-20 常用的运条方法

综上所述,引弧后应按三个运动方向正确运条,并对应用最多的对接平焊提出其操作要领,主要掌握好"三度",即焊条角度、电弧长度和焊接速度。

(1)焊接角度。如图 4-19 所示,焊条应向前倾斜 70°~80°。

(2)电弧长度。一般合理的电弧长度约等于焊条直径。

(3)焊接速度。合适的焊接速度应使所得焊道的熔宽约等于焊条直径的两倍,其表面平整、波纹细密。焊速太高时焊道窄而高,波纹粗糙,熔合不良。焊速太低时,熔宽过大,焊件容易被烧穿。

同时要注意:电流要合适,焊条要对正,电弧要低,焊速不要快,力求均匀。

6. 灭弧(熄弧)

在焊接过程中,电弧的熄灭是不可避免的。灭弧不好,会形成很浅的熔池,焊缝金属的密度和强度差,因此最易形成裂纹、气孔和夹渣等缺陷。灭弧时将焊条端部逐渐往坡口斜角方向拉,同时逐渐抬高电弧,以缩小熔池,减小金属量及热量,使灭弧处不致产生裂纹、气孔等缺陷。灭弧时堆高弧坑的焊缝金属,使熔池饱满地过渡,焊好后,锉去或铲去多余部分。灭弧操作方法有多种,如图 4-21 所示。图 4-21(a)所示是将焊条运条至接头的尾部,焊成稍薄的熔敷金属,将焊条运条方向反过来,然后将焊条拉起来灭弧;图4-21(b)所示是将焊条握住不动一定时间,填好弧坑然后拉起来灭弧。

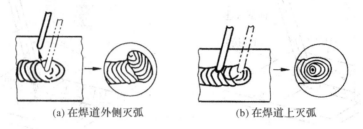

图4-21 灭弧

7. 焊缝的起头、连接和收尾

(1)焊缝的起头。焊缝的起头是指刚开始焊接的部分,如图4-22所示。在一般情况下,因为焊件在未焊时温度低,引弧后常不能迅速使温度升高,所以这部分熔深较浅,使焊缝强度减弱。为此,应在起弧后先将电弧稍拉长,以利于对端头进行必要的预热,然后适当缩短弧长进行正常焊接。

(2)焊缝的连接。焊条电弧焊时,由于受焊条长度的限制,不可能用一根焊条完成一条焊缝,因而出现了两段焊缝前后之间连接的问题。应使后焊的焊缝和先焊的焊缝均匀连接,避免产生连接处过高、脱节和宽窄不一的缺陷。常用的连接方式有如图4-23所示的几种。

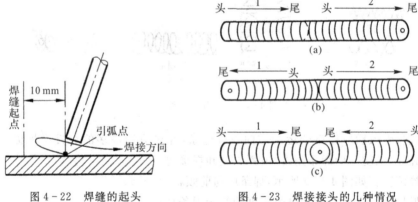

图4-22 焊缝的起头　　　　图4-23 焊接接头的几种情况

(3)焊缝的收尾。收尾是指一条焊缝焊完后,应把收尾处的弧坑填满。当焊缝结尾时,如果熄弧动作不当,则会形成比母材低的弧坑,从而使焊缝强度降低,并形成裂纹。碱性焊条因熄弧不当而引起的弧坑中常伴有气孔出现,所以不允许有弧坑出现。因此必须正确掌握焊段的收尾工作。

8. 焊件清理

焊后用钢丝刷等工具将焊渣和飞溅物清理干净。

六、焊接质量

(一)对焊接质量的要求

焊接质量一般包括焊缝的外形尺寸、焊缝的连续性和焊缝性能三个方面。

一般对焊缝外形和尺寸的要求是:焊缝与母材金属之间应平滑过渡,以减少应力集中;没有烧穿、未焊透等缺陷;焊缝的余高为0~3 mm,不应太大;焊缝的宽度、余高等尺寸都要符合国家标准或符合图纸要求。

焊缝的连续性是指焊缝中是否有裂纹、气孔与缩孔、夹渣、未熔合与未焊透等缺陷。

焊缝性能是指焊接接头的力学性能及其他性能(如耐蚀性等),应符合图纸的技术要求。

(二)常见的焊接缺陷

常见焊接缺陷产生的原因及防止措施见表4-1。

表4-1 常见焊接缺陷产生的原因及防止措施

缺陷名称	缺陷简图	缺陷特征	产生原因	防止措施
尺寸和外形不符合要求	焊缝高低不平,宽度不齐,波形粗劣;余高过大或过小	焊波粗劣,焊缝宽度不均,高低不平	(1)运条不当; (2)焊接规范、坡口尺寸选择不好	选择恰当的坡口尺寸、装配间隙及焊接规范,熟练掌握操作技术
咬边	咬边	焊件和焊缝交界处,在焊件一侧上产生凹槽	(1)焊条角度和摆动不正确; (2)焊接电流过大,焊接速度太快	选择正确的焊接电流和焊接速度,掌握正确的运条方法,采用合适的焊条角度和弧长
焊瘤	焊瘤	熔化金属流淌到焊缝之外的母材上而形成金属瘤	(1)焊接电流太大、电弧太长、焊接速度太慢; (2)焊接位置及运条不当	尽可能采用平焊,正确选择焊接规范,正确掌握运条方法
烧穿	烧穿	液态金属从焊缝反面漏出而形成穿孔	(1)坡口间隙太大; (2)电流太大或焊速太慢; (3)操作不当	确定合理的装配间隙,选择合适的焊接规范,掌握正确的运条方法
未焊透	未焊透	母材与母材之间,或母材与熔敷金属之间尚未熔合,如根部未焊透、边缘未焊透及层间未焊透等	(1)焊接速度太快,焊接电流太小; (2)坡口角度太小,间隙过窄; (3)焊件坡口不干净	选择合理的焊接规范,正确选用坡口形式、尺寸和间隙,加强清理,正确操作
夹渣	夹渣	焊后残留在焊缝金属中的宏观非金属夹杂物	(1)前道焊缝熔渣未清除干净; (2)焊接电流太小,焊速太快; (3)焊缝表面不干净	多层焊层层清渣,坡口清理干净,正确选择工艺规范

续表

缺陷名称	缺陷简图	缺陷特征	产生原因	防止措施
气孔		熔池中溶入过多的气体及产生的CO气体，凝固时来不及逸出，形成气孔	(1)焊件表面有水、锈、油；(2)焊条药皮中水分过多；(3)电弧太长，保护不好，空气侵入；(4)焊接电流过小，焊速太快	严格清除坡口上的水、锈、油，焊条按要求烘干，正确选择焊接规范
裂纹		在焊接过程中或焊接完成后，在焊接接头区域内所出现的金属局部破裂的现象	(1)熔池中含较多的S,P等有害元素；(2)熔池中含较多的氢；(3)结构刚度大；(4)接头冷却速度太快	焊前预热，限制原材料中S,P的含量，选用低氢型焊条，严格对焊条烘干及对焊件表面清理

(三)焊接变形

焊接时，由于焊件局部受热，温度分布不均匀，会造成变形。焊接变形的主要形式有纵向变形、横向变形、角变形、弯曲变形和翘曲变形等几种，如图4-24所示。

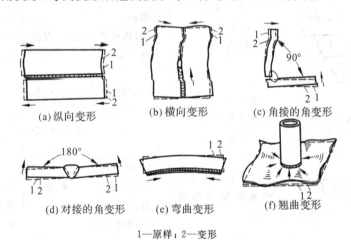

(a)纵向变形　　(b)横向变形　　(c)角接的角变形

(d)对接的角变形　　(e)弯曲变形　　(f)翘曲变形

1—原样；2—变形

图4-24 焊接变形的主要形式

为减小焊接变形，应采取合理的焊接工艺，如正确选择焊接顺序或机械固定等方法。焊接变形可以通过手工矫正、机械矫正和火焰矫正等方法予以解决。

(四)焊接质量检验

焊缝的质量检验通常有非破坏性检验和破坏性检验两类方法，非破坏性检验包括以下三种。

(1)外观检验，即用肉眼、低倍放大镜或样板等检验焊缝的外形尺寸和表面缺陷(如裂纹、烧穿、未焊透等)。

(2)密封性检验或耐压试验。对于一般压力容器，如锅炉、化工设备及管道等设备要进行密封性试验，或根据要求进行耐压试验。耐压试验有水压试验、气压试验、煤油试验等。

(3) 无损检测,如用磁粉、射线或超声波检验等方法,检验焊缝的内部缺陷。破坏性检验包括力学性能试验、金相检验、断口检验和耐压试验等。

第三节 气 焊

一、气焊原理、特点和应用

(一)气焊原理

气焊是利用可燃气体与助燃气体混合燃烧后,产生的高温火焰对金属材料进行熔化焊的一种方法,如图 4-25 所示,将乙炔和氧气在焊炬中混合均匀后,从焊嘴出燃烧火焰,将焊件和焊丝熔化后形成熔池,待冷却凝固后形成焊缝连接。

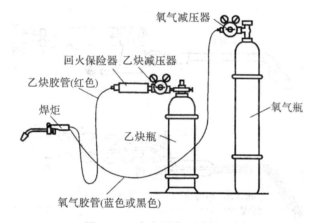

图 4-25 气焊设备及其连接

气焊所用的可燃气体很多,有乙炔气、氢气、液化石油气、煤气等,而最常用的是乙炔气。乙炔气的发热量大,燃烧温度高,制造方便,使用安全,焊接时火焰对金属的影响最小,火焰温度高达 3 100~3 300 ℃。氧气作为助燃气,其纯度越高,耗气越少。因此,气焊也称为氧-乙炔焊。

(二)气焊的特点及应用

(1) 火焰对熔池的压力及对焊件的热输入量调节方便,故熔池温度、焊缝形状和尺寸、焊缝背面成形等容易控制。

(2) 设备简单,移动方便,操作易掌握,但设备占用生产面积较大。

(3) 焊距尺寸小、使用灵活。由于气焊热源温度较低,加热缓慢,生产率低,热量分散,热影响区大,焊件有较大的变形,接头质量不高。

(4) 气焊适于各种位置的焊接。气焊适于焊接在 3 mm 以下的低碳钢,高碳钢薄板,铸铁焊补以及铜、铝等有色金属的焊接。在船上无电或电力不足的情况下,气焊则能发挥更大的作用,常用气焊火焰对工件、刀具进行淬火处理,对紫铜皮进行回火处理,并矫直金属材料和净化工件表面等。此外,由微型氧气瓶和微型熔解乙炔气瓶组成的手提式或肩背式气焊气割装置,在旷野、山顶、高空作业中应用十分简便。

二、气焊设备

气焊设备包括有乙炔发生器(或乙炔瓶)、回火安全器、氧气瓶和减压器、焊炬,如图 4-25 所示。

(一)焊炬

焊炬俗称焊枪。焊炬是气焊中的主要设备,它的构造多种多样,但基本原理相同。焊炬是气焊时用于控制气体混合比、流量及火焰并进行焊接的手持工具。焊炬有射吸式和等压式两种,常用的是射吸式焊炬,如图 4-26 所示。它由主体、手把、乙炔阀门、氧气阀门、射吸管、喷嘴、混合管、焊嘴等组成。它的工作原理是:打开氧气阀门,氧气经射吸管从焊嘴快速射出,并在焊嘴外围形成真空而造成负压(吸力);再打开乙炔阀门,乙炔即聚集在焊嘴的外围;由于氧射流负压的作用,乙炔很快被氧气吸入混合管,并从焊嘴喷出,形成了焊接火焰。

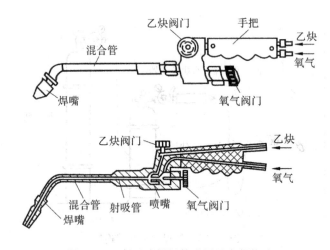

图 4-26 射吸式焊炬外形图及内部构造

(二)乙炔瓶

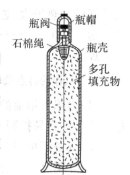

乙炔瓶是储存溶解乙炔的钢瓶,如图 4-27 所示。在瓶的顶部装有瓶阀供开闭气瓶和装减压器用,并套有瓶帽保护;在瓶内装有浸满丙酮的多孔性填充物(活性炭、木屑、硅藻土等),丙酮对乙炔有良好的溶解能力,可使乙炔安全地储存于瓶内,当使用时,溶在丙酮内的乙炔分离出来,通过瓶阀输出,而丙酮仍留在瓶内,以便溶解再次灌入瓶中的乙炔;在瓶阀下面的填充物中心部位的长孔内放有石棉绳,其作用是促使乙炔与填充物分离。

乙炔瓶的外壳漆成白色,用红色写明"乙炔"和"火不可近"字样。乙炔瓶的容量为40L,乙炔瓶的工作压力为1.5MPa,而输给焊炬的压力很小。因此,乙炔瓶必须配备减压器,同时还必须配备回火安全器。

图 4-27 乙炔瓶

乙炔瓶一定要竖立放稳,以免丙酮流出;乙炔瓶要远离火源,防止乙炔瓶受热,因为乙炔温度过高会降低丙酮对乙炔的溶解度,而使瓶内乙炔压力急剧增高,甚至发生爆炸;乙炔瓶在搬运、装卸、存放和使用时,要防止遭受剧烈的振荡和撞击,以免瓶内的多孔性填料下沉而形成空洞,从而影响乙炔的储存。

(三)回火安全器

回火安全器又称回火防止器或回火保险器,它是装在乙炔减压器和焊炬之间,用来防止火焰沿乙炔管回烧的安全装置。正常气焊时,气体火焰在焊嘴外面燃烧。但当气体压力不足、焊嘴堵塞、焊嘴离焊件太近或焊嘴过热时,气体火焰会进入嘴内逆向燃烧,这种现象称为回火。发生回火时,焊嘴外面的火焰熄灭,同时伴有爆鸣声,随后有"吱吱"的声音。如果回火火陷蔓延到乙炔瓶,就会发生严重的爆炸事故。因此,发生回火时,回火安全器的作用是使回流的火焰在倒流至乙炔瓶以前被熄灭。同时应首先关闭乙炔开关,然后关氧气开关。

图4-28为干式回火保险器的工作原理图。干式回火保险器的核心部件是粉末冶金制造的金属止火管。正常工作时,乙炔推开单向阀,经止火管、乙炔胶管输往焊炬。产生回火时,高温高压的燃烧气体倒流至回火保险器,由带非直线微孔的止火管吸收了爆炸冲击波,使燃烧气体的扩张速度趋近于零,而透过止火管的混合气体流顶上单向阀,迅速切断乙炔源,有效地防止火焰继续回流,并在金属止火管中熄灭回火的火焰。发生回火后,不必人工复位,能继续正常使用。

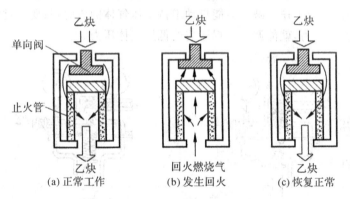

图4-28 干式回火保险器的工作原理

(四)氧气瓶

氧气瓶是储存氧气的一种高压容器钢瓶,如图4-29所示。由于氧气瓶要经受搬运、滚动,甚至还要经受振动和冲击等,因此对材质要求很高,对产品质量要求十分严格,出厂前要经过严格检验,以确保氧气瓶的安全可靠。氧气瓶是一个圆柱形瓶体,瓶体上有防振圈;瓶体的上端有瓶口,瓶口的内壁和外壁均有螺纹,用来装设瓶阀和瓶帽;瓶体下端还套有一个增强用的钢环圈瓶座,一般为正方形,便于立稳,卧放时也不至于滚动;为了避免腐蚀和发生火花,所有与高压氧气接触的零件都用黄铜制作;氧气瓶外表漆成天蓝色,用黑漆标明"氧气"字样。氧气瓶的容积为40L,储氧最大压力为15MPa,但提供给焊炬的氧气压力很小,因此氧气瓶必须配备减压器。由于氧气化学性质极为活泼,能与自然界中绝大多数元素化合,与油脂等易燃物接触会剧烈氧化,引起燃烧或爆炸,所以使用氧气时必须注意安全,要隔离火源,禁止撞击氧气瓶,严禁在瓶上沾染油脂,瓶内氧气不能用完,应留有余量等。

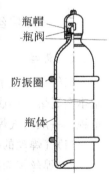

图4-29 氧气瓶

(五)减压器

减压器是将高压气体降为低压气体的调节装置,因此,其作用是减压、调压、量压和稳压。气焊时所需的气体工作压力一般都比较低,如氧气压力通常为 0.2～0.4 MPa,乙炔压力最高不超过 0.15MPa。因此,必须将氧气瓶和乙炔瓶输出的气体经减压器减压后才能使用,而且可以调节减压器的输出气体压力。减压器的工作原理如图 4-30 所示。松开调压手柄(逆时针方向),活门弹簧闭合活门,高压气体就不能进入低压室,即减压器不工作,从气瓶来的高压气体停留在高压室的区域内,高压表量出高压气体的压力,也是气瓶内气体的压力。拧紧调压手柄(顺时针方向),使调压弹簧压紧低压室内的薄膜,再通过传动件将高压室与低压室通道处的活门顶开,使高压室内的高压气体进入低压室,此时的高压气体会体积膨胀,气体压力得以降低,低压表可量出低压气体的压力,并使低压气体从出气口通往焊炬。如果低压室气体压力高了,向下的总压力大于调压弹簧向上的力,即压迫薄膜和调压弹簧,使活门开启的程度逐渐减小,直至达到焊炬工作压力时,活门重新关闭;如果低压室的气体压力低了,向上的总压力小于调压弹簧向上的力,此时薄膜上鼓,使活门重新开启,高压气体又进入低压室,从而增加低压室的气体压力;当活门的开启度恰好使流入低压室的高压气体流量与输出的低压气体流量相等时,即稳定地进行气焊工作。减压器能自动维持低压气体的压力,只要通过调压手柄的旋入程度来调节调压弹簧压力,就能调整气焊所需的低压气体压力。

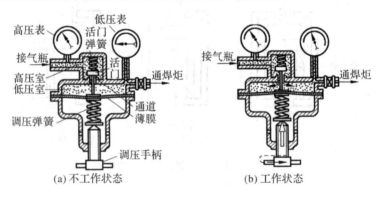

图 4-30 减压器的工作示意图

三、气焊焊丝和焊剂

(一)焊丝

在气焊过程中,气焊丝的正确选用是很重要的,因为它被不断地送入熔池内,并与熔化的基本金属熔合形成焊缝。因此焊缝的质量在很大程度上与气焊丝的质量有关,为此必须予以重视。一般对气焊丝有如下要求:

(1)气焊丝的化学成分应基本上与焊件相符合,保证焊缝具有足够的力学性能。

(2)焊丝表面应无油污、锈斑及油漆等污物。

(3)焊丝应能保证焊缝不产生气孔及夹渣等缺陷。

(4)气焊丝的熔点与母材相近,并在熔化时不产生强烈的飞溅或蒸发。

(二)焊剂

气焊时被加热金属极易与空气中的氧或火焰中的氧化合生成氧化物,使焊缝中产生气孔和夹渣等缺陷。为防止金属氧化及消除已形成的氧化物,在焊接有色金属、铸铁以及不锈钢等材料时,通常须采用焊剂。一般将焊剂直接撒在焊件坡口上,或蘸在气焊丝上。在高温下,焊剂与金属熔池内的金属氧化物或非金属夹杂物相互作用生成熔渣,覆盖在熔池表面,以隔绝空气,防止熔池金属继续氧化。

焊剂随焊接材料不同而异。焊接铜及铜合金时采用硼砂($Na_2B_4O_7$)、硼酸(H_7BO_7)和二氧化硅等。焊接铸铁时采用碳酸钠(Na_2CO_3)、碳酸钾(K_2CO_3)。焊接铝及铝合金时采用氯化钾(KCl)、氯化钠(NaCl)、氟化钾(KF)、氟化钠(NaF)等。

四、气焊火焰

常用的气焊火焰是乙炔与氧混合燃烧所形成的火焰,也称氧乙炔焰。根据氧与乙炔混合比的不同,氧乙炔焰可分为中性焰、碳化焰(也称还原焰)和氧化焰三种,其构造和形状如图 4-31 所示。

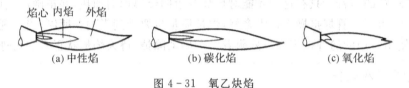

图 4-31 氧乙炔焰

(一)中性焰

氧气和乙炔的混合比为 1.1~1.2 时燃烧所形成的火焰称为中性焰,又称正常焰。它由焰芯、内焰和外焰三部分组成。焰心靠近喷嘴孔呈尖锥形,色白而明亮,轮廓清楚,在焰心的外表面分布着乙炔分解所生成的碳素微粒层,焰心的光亮就是由炽热的碳微粒所发出的,温度并不很高,约为 950℃。内焰呈蓝白色,轮廓不清,并带深蓝色线条而微微闪动,它与外焰无明显界限。外焰由里向外逐渐由淡紫色变为橙黄色。火焰各部分温度分布如图 4-32 所示。中性焰最高温度在焰心前 2~4 mm 处,为 3 050~3 150℃。用中性焰焊接时主要利用内焰这部分火焰加热焊件。中性焰燃烧完全,对红热或熔化了的金属没有碳化和氧化作用,所以称为中性焰。气焊一般都可以采用中性焰,它广泛应用于低碳钢、低合金钢、中碳钢、不锈钢、紫铜、灰铸铁、锡青铜、铝及铝合金、铅、锡、镁合金等的气焊。

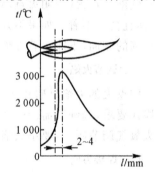

图 4-32 中性焰的温度分布

(二)碳化焰(还原焰)

当氧气和乙炔的混合比小于 1.1 时燃烧形成的火焰称为碳化焰。碳化焰的整个火焰比中性焰长而软,它也由焰芯、内焰和外焰组成,而且这三部分均很明显。焰心呈灰白色,并发生乙炔的氧化和分解反应;内焰有多余的碳,故呈淡白色;外焰呈橙黄色,除燃烧产物 CO_2 和水蒸气外,还有未燃烧的碳和氢。碳化焰的最高温度为 2 700~3 000℃,由于火焰中存在过剩的碳微粒和氢，因此碳会渗入熔池金属，使焊缝的含碳量增高，故称碳化焰。碳化焰不能用于焊接低碳钢和合金钢，同时碳具有较强的还原作用，故又称还原焰；游离的氢也会透入焊缝，产生气孔和裂纹，造成硬而脆的焊接接头。因此，碳化焰只使用于高速钢、高碳钢、铸铁焊补、硬质合金堆焊、铬钢等。

(三)氧化焰

氧化焰是氧与乙炔的混合比大于1.2时的火焰。氧化焰的整个火焰和焰心长度都明显缩短，只能看到焰心和外焰两部分。氧化焰中有过剩的氧，整个火焰具有氧化作用，故称氧化焰。氧化焰的最高温度可达3 100～3 300℃。使用这种火焰焊接各种钢铁时，金属很容易被氧化而造成脆弱的焊接接头；当焊接高速钢或铬、镍、钨等优质合金钢时，会出现互不融合的现象；当焊接有色金属及其合金时，产生的氧化膜会更厚，甚至焊缝金属内有夹渣，形成不良的焊接接头。因此，氧化焰一般很少采用，仅适用于烧割工件和气焊黄铜、锰黄铜及镀锌铁皮，特别是适合于黄铜类，因为黄铜中的锌在高温下极易蒸发，采用氧化焰时，熔池表面上会形成氧化锌和氧化铜的薄膜，起到抑制锌蒸发的作用。

不论采用何种火焰气焊时，喷射出来的火焰(焰芯)形状应该整齐垂直，不允许有歪斜、分叉或发生"吱吱"的声音。只有这样才能对焊缝两边的金属均匀加热，并正确形成熔池，从而保证焊缝质量。否则不管焊接操作技术多好，焊接质量也要受到影响。所以，当发现火焰不正常时，要及时使用专用的通针把焊嘴口处附着的杂质消除掉，待火焰形状正常后再进行焊接。

五、气焊基本操作

(一)点火

点火之前，先把氧气瓶和乙炔瓶上的总阀打开，转动减压器上的调压手柄(顺时针旋转)，将氧气和乙炔调到工作压力。然后，打开焊枪上的乙炔调节阀，此时可以把氧气调节阀少开一点氧气助燃点火(用明火点燃)，如果氧气开得大，点火时就会因为气流太大而出现"啪啪"的响声，而且会点不着。如果不开氧气助燃点火，虽然也可以点着，但是黑烟较大。点火时，手应放在焊嘴的侧面，不能对着焊嘴，以免点着后喷出的火焰烧伤手臂。

(二)调节火焰

刚点火的火焰是碳化焰，逐渐开大氧气阀门，改变氧气和乙炔的比例，根据被焊材料性质及厚薄要求，调到所需的中性焰、氧化焰或碳化焰。需要大火焰时，应先把乙炔调节阀开大，再调大氧气调节阀；需要小火焰时，应先把氧气关小，再调小乙炔调节阀。

(三)焊接方向

气焊操作是右手握焊炬，左手拿焊丝，可以向右焊(右焊法)，也可向左焊(左焊法)，如图4-33所示。

右焊法是焊炬在前，焊丝在后。这种方法是焊接火焰指向已焊好的焊缝，加热集中，熔深较大，火焰对焊缝有保护作用，容易避免气孔和夹渣，但较难掌握。此种方法适用于较厚工件的焊接，而一般厚度较大的工件均采用电弧焊，因此右焊法很少使用。

左焊法是焊丝在前，焊炬在后。这种方法是焊接火焰指向未焊金属，有预热作用，焊接速度较快，可减少熔深和防止烧穿，操作方便，适宜焊接薄板。用左焊法，还可以看清熔池，分清熔池中铁水与氧化铁的界线，因此左焊法在气焊中被普遍采用。

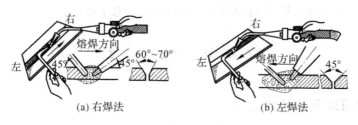

图 4-33 气焊的焊接方向

(四)施焊方法

施焊时,要使焊嘴轴线的投影与焊缝重合,同时要掌握好焊炬与工件的倾角 α。工件越厚,倾角越大;金属的熔点越高,导热性越大,倾角就越大。在开始焊接时,工件温度尚低,为了较快地加热工件和迅速形成熔池,α 应该大一些(80°~90°),喷嘴与工件近于垂直,使火焰的热量集中,尽快使接头表面熔化。正常焊接时,一般保持 α 为 30°~50°。焊接将结束时,倾角可减至 20°,并使焊炬作上下摆动,以便断续地对焊丝和熔池加热,这样能更好地填满焊缝和避免烧穿。焊嘴倾角与工件厚度的关系如图 4-34 所示。焊接时,还应注意送进焊丝的方法,焊接开始时,焊丝端部放在焰心附近预热。待接头形成熔池后,才把焊丝端部浸入熔池。焊丝熔化一定数量之后,应退出熔池,焊炬随即向前移动,形成新的熔池。注意焊丝不能经常处在火焰前面,以免阻碍工件受热,也不能使焊丝在熔池上面熔化后滴入熔池,更不能在接头表面尚未熔化时就送入焊丝。焊接时,火焰内层焰芯的尖端要距离熔池表面 2~4 mm,形成的熔池要尽量保持瓜子形、扁圆形或椭圆形。

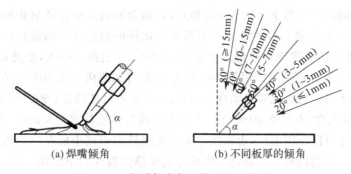

图 4-34 焊嘴倾角与工件厚度的关系

(五)熄火

焊接结束时应熄火。熄火之前一般应先把氧气调节阀关小,再将乙炔调节阀关闭,最后关闭氧气调节阀,火即熄灭。如果将氧气全部关闭后再关闭乙炔,就会有余火窝在焊嘴里,不容易熄火,这是很不安全的(特别是当乙炔关闭不严时,更应注意)。此外,这样的熄火黑烟也比较大,如果不调小氧气而直接关闭乙炔,熄火时就会产生很响的爆裂声。

(六)回火的处理

因氧气比乙炔压力高,可燃混合气会在焊枪内发生燃烧,并很快扩散在导管里而产生回火。如果不及时消除,不仅会使焊枪和皮管烧坏,还会使乙炔瓶发生爆炸。所以当遇到回火时,应迅速在焊炬上关闭乙炔调节阀,同时关闭氧气调节阀,等回火熄灭后,再打开氧气调节阀,吹除焊炬内的余焰和烟灰,并将焊炬的手柄前部放入水中冷却。

第四节 气 割

一、气割的原理及应用特点

气割即氧气切割,它是利用割炬喷出乙炔与氧气混合燃烧的预热火焰,将金属的待切割处预热到燃烧点(红热程度),并从割炬的另一喷孔高速喷出纯氧气流,使切割处的金属发生剧烈的氧化,形成熔融的金属氧化物,同时被高压氧气流吹走,从而形成一条狭小整齐的割缝使金属割开,如图4-35所示。因此,气割包括预热、燃烧、吹渣三个过程。气割原理与气焊原理在本质上是完全不同的,气焊是熔化金属,而气割是金属在纯氧中的燃烧(剧烈的氧化),故气割的实质是"氧化"并非"熔化"。由于气割所用设备与气焊基本相同,而操作也有近似之处,因此在使用上和场地上都常把气割与气焊放在一起。由于气割原理,气割的金属材料必须满足下列条件。

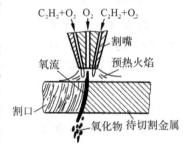

图4-35 气割示意图

(1)金属熔点应高于燃点(即先燃烧后熔化)。在铁碳合金中,碳的质量分数对燃点有很大的影响,随着碳的质量分数的增加,合金的熔点减低而燃点却提高,所以碳的质量分数越大,气割越困难。当碳的质量分数大于0.7%时,燃点则高于熔点,故不易气割。铜、铝的燃点比熔点高,故不能气割。

(2)氧化物的熔点应低于金属本身的熔点,否则会形成高熔点的氧化物,阻碍下层金属与氧气流接触,使气割困难。有些金属由于形成氧化物的熔点比金属熔点高,故不易或不能气割。如高铬钢或铬镍不锈钢加热形成熔点为2 000℃左右的Cr_2O_3,铝及铝合金形成熔点为2 050℃的Al_2O_3,所以它们不能用氧乙炔焰气割,但可用等离子气割法气割。

(3)金属氧化物应易熔化和流动性好,否则不易被氧气流吹走,难于切割。例如,铸铁气割生成很多SiO_2氧化物,不但难熔(熔点约1 750℃)而且熔渣黏度很大,所以铸铁不易气割。

(4)金属的导热性不能太高,否则预热火焰的热量和切割中所发出的热量会迅速扩散,使切割处热量不足,切割困难。例如,铜、铝及合金导热性高成为不能用一般气割法切割的原因之一。

此外,金属在氧气中燃烧时应能发出大量的热量,足以预热周围的金属;要求金属中所含的杂质要少。

满足以上条件的金属材料有纯铁、低碳钢、中碳钢和低合金结构钢。而高碳钢、铸铁、高合金钢及铜、铝等非铁金属及合金,均难以气割。

与一般机械切割相比较,气割的最大优点是设备简单,操作灵活、方便,适应性强。它可以在任意位置、任何方向切割任意形状和任意厚度的工件,生产效率高,切口质量也相当好,如图4-36所示。采用半自动或自动切割时,由于运行平稳,切口的尺寸精度误差在±0.5 mm以内,表面粗糙度值Ra为25 μm,因而在某些地方可代替刨削加工,如厚钢板的开坡口。气割在

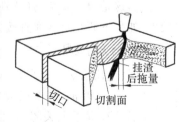

图4-36 气割状况图

造船工业中使用最普遍,特别适用于稍大的工件和特形材料,还可用来气割锈蚀的螺栓和铆钉等。气割的最大缺点是对金属材料的适用范围有一定的限制,但由于低碳钢和低合金钢是应用最广泛的材料,所以气割的应用也就非常普遍了。

二、割炬及气割过程

气割所需的设备中,氧气瓶、乙炔瓶和减压器同气焊一样,所不同的是气焊用焊炬,而气割要用割炬(又称割枪)。

割炬有两根导管,一根是预热焰混合气体管道,另一根是切割氧气管道。割炬比焊炬只多一根切割氧气管和一个切割氧阀门,如图 4-37 所示。此外,割嘴与焊嘴的构造也不同,割嘴的出口有两条通道,周围的一圈是乙炔与氧的混合气体出口,中间的通道为切割氧(即纯氧)的出口,二者互不相通。割嘴有梅花形和环形两种。常用的割炬型号有 G01-30,G01-100 和 G01-300 等。其中"G"表示割炬,"0"表示手工,"1"表示射吸式,"30"表示最大割厚度为 30 mm。同焊炬一样,各种型号的割气炬均配备几个不同大小的割嘴。

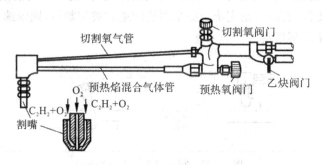

图 4-37 割炬

气割过程,例如切割低碳钢工件时,先开预热乙炔及氧气阀门,点燃预热火焰,调成中性焰,将工件割口的开始处加热到高温(达到橘红至亮黄色约为 1 300 ℃)。然后打开切割氧阀门,高压的切割气与割口处的高温金属发生作用,产生激烈燃烧反应,将铁燃烧成氧化铁,氧化铁被燃烧热熔化后,迅速被氧气流吹走,这时下一层碳钢也已被加热到高温,与氧接触后继续燃烧和被吹走,因此氧气可将金属自表面烧到底部,随着割炬以一定速度向前移动即可形成割口。

三、气割的基本操作技术

(一)气割前的准备

气割前,应根据工件厚度选择好氧气的工作压力和割嘴的大小,把工件割缝处的铁锈和油污清理干净,用石笔划好割线,平放好。在割缝的背面应有一定的空间,以便切割气流冲出来时不致遇到阻碍,同时还可散放氧化物。

握割枪的姿势与气焊时一样,右手握住枪柄,大拇指和食指控制调节氧气阀门,左手扶在割枪的高压管子上,同时大拇指和食指控制高压氧气阀门。右手臂紧靠右腿,在切割时随着腿部从右向左移动进行操作,这样手臂有个依靠,切割起来比较稳当,特别是当切割没有熟练掌握时更应该注意这一点。

点火动作与气焊时一样,首先把乙炔阀打开,氧气可以稍开一点。点着后将火焰调至中性焰(割嘴头部是一蓝白色圆圈),然后把高压氧气阀打开,看原来的加热火焰是否在氧气压力下变成碳化焰。同时还要观察,在打开高压氧气阀时割嘴中心喷出的风线是否笔直清晰,然后方可切割。

(二) 气割操作要点

(1) 气割一般从工件的边缘开始。如果要在工件中部或内部切割时,应在中间处先钻一个直径大于 5 mm 的孔,或开出一孔,然后从孔处开始切割。

(2) 开始气割时,先用预热火焰加热开始点(此时高压氧气阀是关闭的),预热时间应视金属温度情况而定,一般加热到工件表面接近熔化(表面呈橘红色)。这时轻轻打开高压氧气阀门,开始气割。如果预热的地方切割不掉,说明预热温度太低,应关闭高压氧继续预热,预热火焰的焰芯前端应离工件表面 2～4 mm,同时要注意割炬与工件间应有一定的角度,如图 4-38 所示。当气割 5～30 mm 厚的工件时,割炬应垂直于工件;当工件厚度小于 5 mm 时,割炬可向后倾斜 5°～10°;若工件厚度超过 30 mm,在气割开始时,割炬可向前倾斜 5°～10°,待割透时,割炬可垂直于工件,直到气割完毕。如果预热的地方被切割掉,则继续加大高压氧气量,使切口深度加大,直至全部切透。

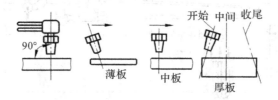

图 4-38 割炬与工件之间的角度

(3) 气割速度与工件厚度有关。一般而言,工件越薄,气割的速度应该越快,反之则越慢。气割速度还要根据切割中出现的一些问题加以调整:当看到氧化物熔渣直往下冲或听到割缝背面发出"喳喳"的气流声时,便可将割枪匀速地向前移动;如果在气割过程中发现熔渣往上冲,就说明未打穿,这往往是由于金属表面不纯,红热金属散热和切割速度不均匀,这种现象很容易使燃烧中断,所以必须继续供给预热的火焰,并将速度稍为减慢些,待打穿正常起来后再保持原有的速度前进。如发现割枪在前面走,后面的割缝又逐渐熔结起来,则说明切割移动速度太慢或供给的预热火焰太大,必须将速度和火焰加以调整再往下割。

第五节 二氧化碳气体保护焊

CO_2 气体保护焊是用 CO_2 气体做保护介质的一种电弧焊,简称"CO_2 焊"。CO_2 焊有自动焊和半自动焊的区别,目前应用的主要是半自动焊。半自动焊与自动焊的差别就在于焊炬的移动是手动的。因此,半自动焊对焊缝位置适应性强,操作灵活。在一些煤机厂、金属结构厂、汽车厂,广泛应用 CO_2 半自动焊。

一、CO_2 焊设备及 CO_2 气体

CO_2 半自动焊设备组成如图 4-39 所示,主要部分为电源、焊枪、送丝机构、供气系统和控

制部分。CO_2 气体保护焊可采用旋转式直流电源或整流式直流电源。采用整流式直流电源时,控制电路和电源可同装在一个壳体内,组成电源控制箱。供气系统由 CO_2 气瓶、预热器、高压和低压干燥器、减压表、流量计以及电磁气阀等组成。

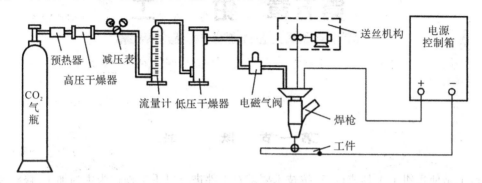

图 4-39 气体保护焊的焊接设备示意图

CO_2 焊用的 CO_2 气体主要来自酿造业,一般都是将气体 CO_2 加压液化后装瓶供应的。为了防止焊接时液态 CO_2 气化造成瓶口冻结,在瓶口外要加一个预热器。为了脱除 CO_2 气体中的水分,供气系统中又加了个干燥器。

二、CO_2 焊的焊丝、焊接特点及适用钢材

按照焊丝直径不同,CO_2 气体保护焊可分为细丝 CO_2 气体保护焊和粗丝 CO_2 气体保护焊两类。细丝 CO_2 气体保护焊的焊丝直径为 0.6~1.2 mm,用于焊接 0.5~4 mm 的薄板;粗丝 CO_2 气体保护焊的焊丝直径为 1.6~5.0 mm,用于焊接板厚为 3~25 mm 的焊件。实际生产中,直径大于 2.0 mm 的粗丝采用较少。CO_2 气体保护焊的优点是:采用廉价的 CO_2 气体,成本低;电流密度大,生产率高;焊接薄板时,比气焊速度快,变形小;操作灵活,适宜于进行各种位置的焊接。其主要缺点是焊缝成形较差,飞溅大。此外,焊接设备比手弧焊机复杂,维修不便。CO_2 气体保护焊适用于低碳钢和普通低合金钢的焊接。

第五章 钳 工

第一节 概 述

钳工是使用钳工工具或设备,按技术要求对工件进行以手工操作为主的加工、修整和装配的工种。其基本操作有划线、锉削、钻孔、扩孔、铰孔、攻螺纹、套螺纹、刮削、研磨及装配、拆卸和修理等。钳工是机械制造的重要工种之一,在机械生产过程中,从下料到出成品,钳工衔接着各个工序和各个工种,起到了其他工种所不能起的作用。

一、钳工的特点

钳工的基本工作内容包括划线、钻孔、攻丝、套扣、铰孔、扩孔、锯切、锉削、刮削、研磨和装配等。

钳工的大部分工作是用手工操作,即使现在有了先进的机床,仍不能全部代替钳工手工操作。这是因为:① 采用机械方法不太适宜或无法加工的工作,常由钳工来完成;② 任何机械设备的制造,总是经过装配才能完成,而装配工作又是钳工的主要任务之一;③ 零件加工之前的划线工作、精密零件的加工(如配钻孔、刮研、研磨等),都离不开钳工手工操作。这种手工操作方式,决定了钳工加工的特点。钳工的劳动强度大、生产率低,对工人的技术水平要求较高。但是钳工工具简单,操作灵活,可以完成不便于机械加工和机械加工难以完成的工作。

二、钳工的应用场合

钳工工作主要应用于以下场合:
(1)加工前的准备,如清理毛坯、划线等;
(2)加工精度要求高的零件,如刮研机器及量具的配合表面、锉削样板等;
(3)在单件小批生产中制造一般零件或参与加工笨重零件的某些部分;
(4)装配、调试、修理。

总之,钳工是机械制造工业中不可缺少的工种。随着机械工业的发展,钳工的工作范围日益扩大,专业分工更细,钳工分成了模具钳工(工具制造钳工)、修理钳工、普通钳工(装配钳工)。

钳工加工灵活,在不适于机械加工的场合,尤其是在机械设备的维修工作中,钳工加工可获得满意的效果;钳工还可加工形状复杂和高精度的零件,甚至加工出比现代化机床加工的零件还要精密、光洁和形状复杂的机械零件,如高精度量具、样板等;钳工加工所用工具和设备投资小,价格低廉,携带方便。但是钳工加工生产效率低,劳动强度大,受工人技术熟练程度的影响,加工出的零件质量不稳定。

第二节 划　　线

划线是根据零件图的要求,在工件或半成品表面划出加工线或找正线的一种方法。划线的作用是以划好的线作为工件加工或安装时找正的依据,也常用于检查毛坯的形状和尺寸是否合格,同时合理地分配各加工表面的余量。

划线分为平面划线和立体划线,平面划线只需要在工件的一个表面上划线,即能明确表示出工件的加工界线的划线方法。立体划线是在一个零件上长、宽、高3个方向,多个表面上画线的方法。划线要求尺寸准确,线条清晰,保证精度。

划线是加工的依据。划线除要求划出的线条清晰均匀外,最重要的是保证尺寸准确。在立体划线中还应注意使长、宽、高3个方向的线条互相垂直。当划线发生错误或准确度太低时,都有可能造成工件报废。但由于划出的线条总有一定的宽度,以及在使用划线工具和测量调整尺寸时难免产生误差,所以不可能绝对准确。一般的划线精度能达到 0.25~0.5 mm。因此,通常不能依靠划线直接确定加工时的最后尺寸,而必须在加工过程中,通过测量来保证尺寸的准确度。

一、划线前的准备工作

(1) 工件清理。铸件上的浇口、冒口、披缝、粘在表面上的型砂要清除。铸件和锻件上的飞边、氧化皮要去掉(需划线的表面上)。对中小毛坯件可用滚筒、喷砂或酸洗来清理。对半成品划线前要把毛刺修掉,油污擦净,否则涂料不牢,划出的线条不正确、不清晰。

(2) 工件涂色。为了使划线清晰,工件划线都应涂色。铸件和锻件毛坯上涂石灰水,也可以涂粉笔。钢、铸铁半成品(光坯)上,一般涂蓝油,也可以用硫酸铜溶液。铝、铜等有色金属光坯上,一般涂蓝油,也有涂墨汁的。不论用哪一种涂料,都要涂得薄而均匀,才能保证划线清晰。涂得太厚要脱皮。

(3) 找孔的中心。首先要在工件孔中装中心塞块,为了划出孔的中心以便用圆规划圆,在孔中要装入中心塞块。一般小孔用木塞块或铅塞块、大孔用可调节塞块。塞块要塞紧,保证在打样冲眼、工件搬动、翻转时不会松动。

二、划线工具

(一) 划线平板

如图5-1所示,划线平板由铸铁制成,是划线的基准工具,其上平面是划线用的基准平面,所以要求此平面平直和光整,并且这个面的平面度要高于待加工的零件的平面度。平板要安放牢固,基准平面要保持水平,平板的基准平面不能碰击和敲打,以免使基准平面的准确度降低。长期不用时,应擦油防锈并用木板护盖。

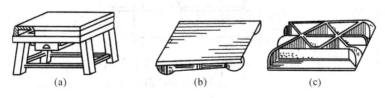

图 5-1　划线平板

(二)方箱和V形铁

方箱是用铸铁制成的空心立方体,它的6个面都经过精加工,相邻各面互相垂直,用于划线时夹持尺寸较小而多个面需要划线的工件。通过在划线平板上翻转方箱,可在工件上划出相互垂直的线来。在方箱一个面上有V形槽,作用同V形铁相同。

V形铁用于支承圆柱形工件,使工件轴线与平板平面平行,也可使用V形铁划出圆柱形工件上相互垂直的直线。图5-2所示为方箱和V形铁的划线示意图。

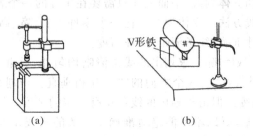

图5-2 方箱和V形铁

(三)千斤顶

千斤顶通常放置在平板上用于支撑工件。简单的千斤顶由底座和螺杆组成,如图5-3所示。千斤顶的高度可以通过转动螺杆来调整。一般都是用三个千斤顶支撑工件,支撑点应尽量远离工件中心。

图5-3 千斤顶

(四)划针

划针是在工件上划线的基本工具。使用划针在工件上划线的方法如图5-4所示。

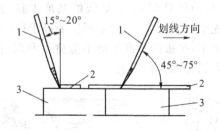

1—划针;2—钢尺;3—工件

图5-4 用划针划线的方法

(五)划规和划卡

划规用于划圆和圆弧、等分线段、等分角度以及量取尺寸等。钳工用的划规有普通划规、弹簧划规和大尺寸划规等,如图5-5所示。最常用的是普通划规,其结构简单,制造方便,适用范围广。

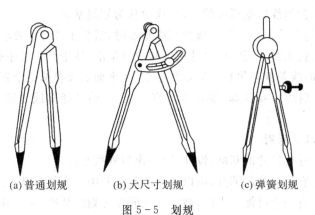

(a) 普通划规　　(b) 大尺寸划规　　(c) 弹簧划规

图 5-5　划规

划规的使用要求脚尖要保持尖锐靠紧,旋转脚施力要大,划线角施力要轻。划规两脚的长短要磨得稍有不同,而且两脚合拢时脚尖能靠紧,这样才可划出尺寸较小的圆弧;划规的脚尖应保持尖锐,以保证划出的线条清晰;用划规划圆时,作为旋转中心的一脚应加以较大的压力,另一脚则以较轻的压力在工件表面上划出圆或圆弧,这样可使中心不滑动。划卡主要是确定轴和孔的中心,也可划平行线或直线,如图5-6所示。

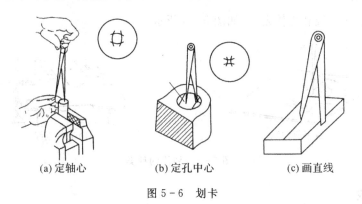

(a) 定轴心　　(b) 定孔中心　　(c) 画直线

图 5-6　划卡

(六)样冲

样冲的作用是在划好的线上打出样冲眼,打样冲眼时要注意开始时样冲要向外倾斜45°～60°,以便使线与样冲尖对准,然后摆正样冲,用小锤轻击样冲顶部即可,如图5-7所示。划圆和钻孔前,应在中心部位打上中心样冲眼。

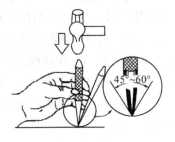

图 5-7　样冲的使用

三、划线的过程

(一)划线基准

划线时需要选择工件上某个点、线或面作为依据,用来确定工件上其他各部分尺寸、几何形状和相对位置,作为划线依据所选的点、线或面称为划线基准。

划线基准一般与设计基准一致。选择划线基准时,需将工件设计要求、加工工艺及划线工具等综合起来分析,找出其划线时的尺寸基准和放置基准,便于后面工序的加工。

每划一个方向的线条就必须有一个划线基准,故平面划线要选 2 个划线基准,立体划线要选 3 个划线基准。划线前要认真、细致地研究图纸,正确选择划线基准,才能保证划线的准确、迅速。

1. 选择划线基准的原则

(1)以零件图上标注尺寸的基准(设计基准)作为划线基准。

(2)如果毛坯上有孔或凸起部分,应以孔或凸起部分中心为划线基准。

(3)如果工件上有一个已加工表面,则应以此面作为划线基准;如果都是未加工表面,则应以较平整的大平面作为划线基准。

2. 常用划线基准选择示例

(1)以两个互相垂直的线(或面)作为划线基准。

(2)以一个平面和一条中心线作为划线基准。

(3)以两条互相垂直的中心线作为划线基准。

(二)划线种类

划线包括平面划线和立体划线,如图 5-8 所示。

(a) 平面划线 (b) 立体划线

图 5-8 划线的种类

1. 平面划线

平面划线是在工件或毛坯的一个平面上划线,与机械制图相似,所不同的是前者使用划线工具。图 5-9 是在齿坯上划键槽的示例。它属于半成品划线,其步骤如下:

(1)先划出基准线 $A—A$;

(2)在 $A—A$ 线两边间隔 2 mm 划出两条平行线,为键槽宽度界线;

(3)从 B 点量取 16.3 mm 划与 $A—A$ 线的垂直线,其为键槽的深度界线;

(4)校对尺寸无误后,打上样冲眼。

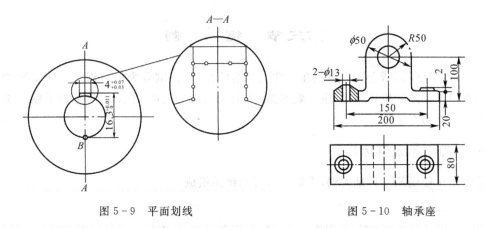

图 5-9 平面划线

图 5-10 轴承座

2. 立体划线

立体划线是在工件或毛坯的长、宽、高三个互相垂直的平面上或其他倾斜方向上划线。图 5-10 所示为轴承座二维图,图 5-11 为其立体划线方法和步骤。立体划线的准备工作及注意事项如下:

(1) 在划线前需清理毛坯工件,除去残留型砂及氧化皮,更应仔细清理划线部位,以便划出的线条明显、清晰。

(2) 对照图纸,检查毛坯及半成品尺寸和质量,剔除不合格件。

(3) 划线表面需涂上一层薄而均匀的涂料。

(4) 用铅块或木块堵孔,以便确定孔的中心。

(5) 工件支承要牢固、稳当,以防滑倒或移动。

(6) 在一次支承中,应把需要划出的平行线划全,以免补划时费工、费时及造成误差。

(7) 应注意划线工具的正确使用,爱护精密工具。

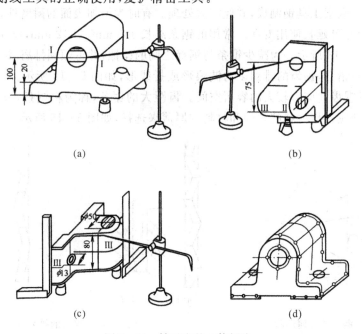

图 5-11 轴承座的立体划线

第三节 锯 割

锯割是用手锯锯断金属材料或在工件上切槽的操作,锯割分为机械锯割和钳工锯割。机械锯割指用锯床或砂轮片锯割,生产效率高,适用于大批量生产;手工锯割是用手锯对工件按要求进行加工的方法。

一、锯割工具及其选用

锯切操作使用的工具是手锯,手锯由锯弓和锯条组成。

(一)锯弓

锯弓是钳工锯割的工具,是用来夹持和拉紧锯条的工具,有固定式和可调式两种,可调式的锯弓可安装不同长度规格的锯条,固定式锯弓只能安装一种长度规格的锯条,如图5-12所示。

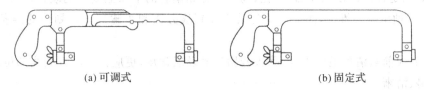

(a) 可调式　　　　　　　　　　　　(b) 固定式

图5-12　锯弓

其中可调整式锯弓可以使用不同规格的锯条,手把形状便于用力,故目前广泛使用。可调式锯弓由锯柄、锯弓、方型导管、夹头和翼形螺母等部分组成。夹头上安有装锯条的销子。夹头的另一端带有拉紧螺栓,并配有翼形螺母,用于调整锯条的松紧。

(二)锯条

锯条一般用碳素工具钢制成,并经淬火处理。有时为增加表面的耐磨性,在锯条表面镀了一层氮化钛,因此可延长使用寿命。常用的锯条约长300 mm,宽12 mm,厚0.5 mm。锯齿的几何形状如图5-13所示。为减少锯条与锯缝之间的摩擦,并可顺利排屑,锯条上的锯齿都按一定的规则左右错开,锯齿的排列多为波浪形或折线形,如图5-14所示。锯切时,要切下较多的锯屑,所以锯齿间应有较大的容屑空间。齿距大的锯条,称为粗锯条,齿距小的称为细锯条。锯条的粗细应根据材料的软硬和材料的厚薄来选择,如图5-15所示。

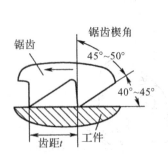

图5-13　锯齿的几何形状

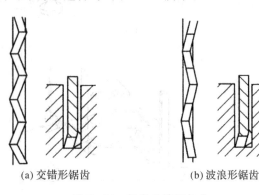

(a) 交错形锯齿　　　(b) 波浪形锯齿

图5-14　锯齿的排列方式

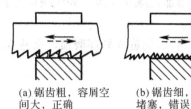
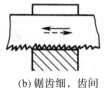

(a) 锯齿粗，容屑空间大，正确　　(b) 锯齿细，齿间堵塞，错误　　(c) 锯齿细，同时锯削的齿数可有2~3个，正确　　(d) 锯齿太粗，同时锯削的齿数不到2个，错误

图 5-15　锯齿粗细的选择

二、锯削方法

1. 锯条的安装

锯条安装在锯弓上，锯齿应向前，松紧应适当，一般用两手指的力能旋紧为止。锯条安装好后，不能有歪斜和扭曲，否则锯削时易折断。

2. 工件安装

工件伸出钳口不应过长，以防止锯削时产生振动。锯线应和钳口边缘平行，并夹在台虎钳的左边，以便操作。工件要夹紧，并应防止变形和夹坏已加工的表面。

3. 手锯握法

手锯握法如图 5-16 所示，右手握锯柄，左手轻扶弓架前端。

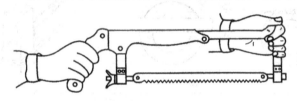

图 5-16　手锯握法

4. 锯削操作

锯削时，应注意起锯、锯削压力、锯削速度和往返长度，如图 5-17 所示。起锯时，锯条应对工件表面稍倾斜，有一起锯角 α（10°~15°），但不宜过大，以免崩齿。为防止锯条滑动，可用手指甲挡住锯条，如图 5-17(a) 所示。

锯削时，锯弓作往返直线运动，左手施压，右手推进，用力要均匀。返回时，锯条轻轻滑过加工面，速度不宜太快，锯削开始和终了时，压力和速度均应减少，如图 5-17(b) 所示。

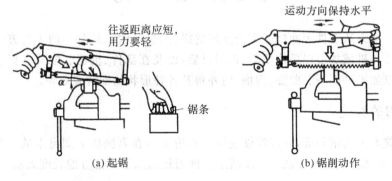

(a) 起锯　　　　　　　　　　(b) 锯削动作

图 5-17　锯削方法

锯硬材料时,应采用大压力、慢移动;锯软材料时,可适当加速减压。为减轻锯条的磨损,必要时可加乳化液或机油等切削液。

锯条应利用全部长度,即往返长度应不小于全长的 2/3,以免造成局部磨损。锯缝如歪斜,不可强扭,应将工件翻转 90°重新起锯。

5. 锯削示例

锯扁钢应从宽边起锯,以保证锯缝浅而齐整,如图 5-18 所示。

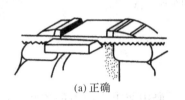
(a) 正确

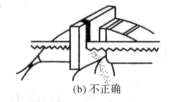
(b) 不正确

图 5-18 锯扁钢

锯圆管,应在管壁锯透时,先将圆管向推锯方向转一角度,从原锯缝处下锯,然后依次不断转动,直至切断为止,如图 5-19 所示。

锯深缝时,应将锯条转 90°安装,平放锯弓作推锯,如图 5-20 所示。

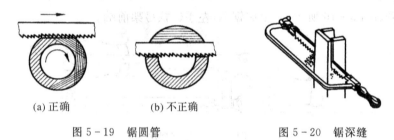

图 5-19 锯圆管　　　　图 5-20 锯深缝

三、锯削注意事项

(1) 锯削时,用力要平稳,动作要协调,切忌猛推或强扭。
(2) 要防止锯条折断时从锯弓上弹出伤人。
(3) 工件装卡应正确牢靠,防止锯下部分跌落时砸伤身体。

第四节　锉　削

锉削是用锉刀从工件表面锉去多余金属的操作,它是钳工最基本的工艺方法,应用广泛。锉削加工通常在机械加工以后或錾削、锯削以后,以及在部件、机器装配需进行修整工件时使用。锉削可以加工平面、孔、曲面、沟槽、内外角及各种形状的配合表面等。

一、锉刀的构造

锉刀用碳素工具钢制成,并经淬硬处理。锉齿多是在剁锉机上剁出来的。齿纹呈交叉排列,构成刀齿,形成存屑槽,如图 5-21 所示。锉刀规格以工作部分的长度表示。

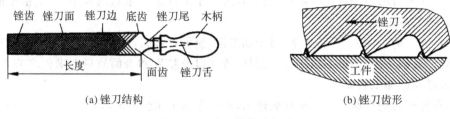

图 5-21 锉刀结构及齿形

二、锉刀的种类及选择

锉刀按其断面形状分为平锉、方锉、圆锉、三角锉和半圆锉等,如图 5-22 所示。锉刀按其长度一般分 100 mm,150 mm,…,400 mm 等 7 种。锉刀按其齿纹的粗细可分为粗齿、中齿、细齿及油光锉 4 种。普通锉刀的规格是用长度、断面形状及齿纹粗细来表示的。什锦锉主要用于精细件加工,如样板、模具等,它由若干把不同形状的小锉刀组成,如图 5-23 所示。

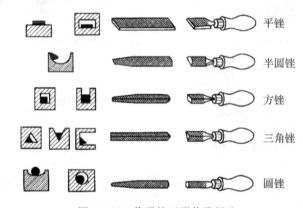

图 5-22 普通锉刀形状及用途

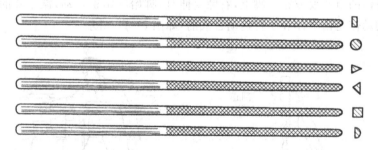

图 5-23 什锦锉刀形状

三、锉刀的选用

合理选用锉刀,对保证加工质量、提高工作效率和延长锉刀寿命有很大的影响。锉刀的长度按工件加工表面大小选用,锉刀断面形状按工件加工表面形状来选用,锉刀齿纹的粗细按工件材料性质、加工余量、加工精度和表面粗糙度等情况综合考虑选用。

(1)选择锉刀的粗细。锉刀粗细的选用,决定于工件加工余量的大小、加工精度的高低和工件材料的性质。

(2)粗锉刀的齿间大,不易堵塞,适于加工铝、铜等软金属,以及加工余量大、精度等级和表面质量要求低的工件;细锉刀适于加工钢材、铸铁以及精度和表面质量要求较高的工件;光锉刀只用来修整已加工表面。

(3)选择锉刀的形状。锉刀形状的选用,决定于加工工件的形状。

四、锉刀的正确使用

1. 锉刀握法

锉刀的握法如图 5-24 所示。右手握锉柄,左手压在锉刀另一端上,保持锉刀水平。使用不同大小的锉刀,有不同的姿势及施力方式。

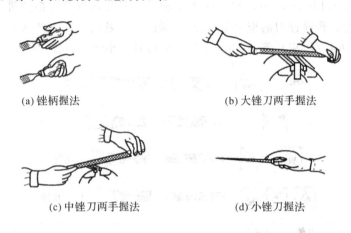

图 5-24 锉刀握法

2. 锉削姿势

锉削时身体的重心要放在左脚上,右膝要伸直,脚始终站稳不动,靠左膝的屈伸而做往复运动。锉削的动作是由身体和手臂运动合成的,如图 5-25 所示。

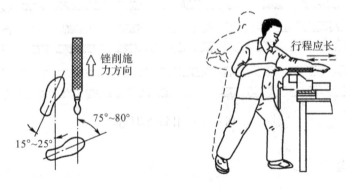

图 5-25 锉削时的步位与姿势

3. 锉削施力

锉削时,必须正确掌握施力方法,两手施力按图 5-26 所示变化。否则,将会在开始阶段锉柄下偏,锉削终了则前端下垂,形成两边低而中间凸起的鼓形面。

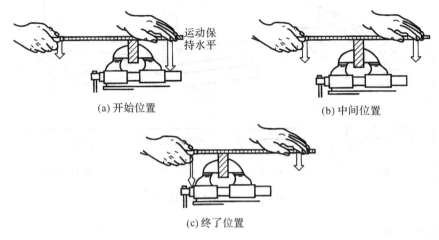

图 5-26 锉刀施力变化

五、锉削方法

1. 平面锉削

平面锉削是锉削中最常见的,锉削平面步骤如下所述。

(1)选择锉刀:锉削前应根据金属的硬度、加工表面及加工余量大小、工件表面粗糙度要求来选择锉刀。

(2)装夹工件:工件应牢固地夹在虎钳钳口中部,锉削表面需高于钳口;夹持已加工表面时,应在钳口垫以铜片或铝片。

(3)锉削:锉削平面有顺向锉、交叉锉和推锉 3 种方法,如图 5-27 所示。顺向锉是锉刀沿长度方向锉削,一般用于最后的锉平或锉光。交叉锉是先沿一个方向锉一层,然后转 90°锉平。交叉锉切削效率高,锉刀也容易掌握。锉削常用于粗加工,以便尽快切去较多的余量。推锉时,锉刀运动方向与其长度方向垂直。当工件表面已基本锉平时,可用细锉或油光锉以推锉法修光。推锉法尤其适合于加工较窄表面,以及用顺向锉法锉刀推进受阻碍的情况。

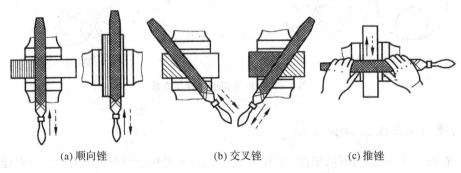

图 5-27 平面锉削方法

(4)检验:锉削时,工件的尺寸可用钢尺和卡尺检查。工件的直线度、平面度及垂直度可用刀口尺、直角尺等根据是否透光来检查,检验方法如图5-28所示。

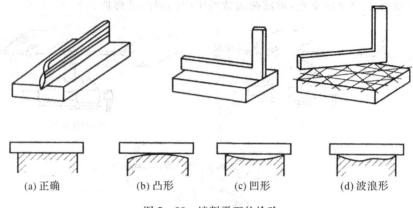

图5-28 锉削平面的检验

2. 圆弧面锉削

锉削圆弧面时,锉刀既需向前推进,又需绕弧面中心摆动。常用的有外圆弧面锉削时的滚锉法和顺锉法,如图5-29所示。内圆弧面锉削时的滚锉法和顺锉法,如图5-30所示。滚锉时,锉刀顺圆弧摆动锉削,常用作精锉外圆弧面。顺锉时,锉刀垂直圆弧面运动,适宜于粗锉。

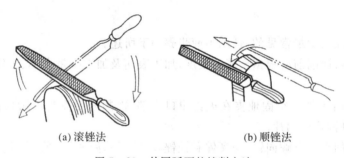

图5-29 外圆弧面的锉削方法

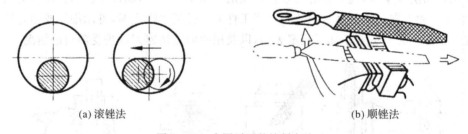

图5-30 内圆弧面的锉削方法

六、锉削操作注意事项

(1)有硬皮或砂粒的铸件、锻件,要用砂轮磨去后,才可用半锋利的锉刀或旧锉刀锉削。

(2)不要用手摸刚锉过的表面,以免再锉时打滑。

(3)被锉屑堵塞的锉刀,用钢丝刷顺锉纹的方向刷去锉屑,若嵌入的锉屑大,则要用铜片剔去。

(4)锉削速度不可太快,否则会打滑。锉削回程时,不要再施加压力,以免锉齿磨损。

(5)锉刀材料硬度高而脆,切不可摔落地下或把锉刀作为敲击物和杠杆,也不可撬其他物件;用油光锉时,不可用力过大,以免折断锉刀。

第五节 刮 削

用刮刀在工件已加工表面上刮去一层薄金属的加工称为刮削。刮削是钳工中的一种精密加工方法。

刮削在机器制造和修理中占有重要的地位,它是钳工的基本功。刮削常用于滑动轴承、机床导轨面、某些机器零件的接触面、夹具底面及密封面等。

刮削的特点和作用:刮削具有切削量小,切削力大,产生热量小,装夹变形小等特点;通过刮削,清除了加工表面的凹凸不平和扭曲的微观不平度;刮削能提高工件间的配合精度,形成存油空隙,减少摩擦阻力。刮刀对工件有压光作用,改善了工件的表面质量和耐磨性。刮削还能使工件表面美观。

刮削的缺点是生产率低,劳动强度大。因此,目前常被磨削等机械加工所代替。

一、刮刀及其用法

平面刮刀如图 5-31 所示,它是用 T10A 等高级优质碳素工具钢锻制而成的,其端部需磨出锋利刃口,并用油石磨光。如图 5-32 所示为刮刀的握法。右手握刀柄,推动刮刀前进,左手在接近端部的位置施压,并引导刮刀沿刮削方向移动。刮刀与工件倾斜 25°~30°角。刮削时,用力要均匀,避免划伤工件。

图 5-31 刮刀　　　　图 5-32 刮刀握法

二、刮削精度检验

刮削表面的精度通常以研点法来检验,如图 5-33 所示。研点法是将工件刮削表面擦净,均匀涂上一层很薄的红丹油,然后与校准工具(如标准平板等)相配研。工件表面上的凸起点经配研后,被磨去红丹油而显出亮点(即贴合点)。刮削表面的精度即是以 25 mm×25mm 的面积内贴合点的数量与分布疏密程度来表示。普通机床的导轨面贴合点为 8~10 点,精密时为 12~15 点。

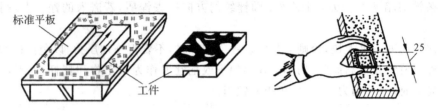

图 5-33 研点法

三、平面刮削

平面刮削分为粗刮、细刮、精刮和刮花等。

1. 粗刮

若工件表面比较粗糙,则应先用刮刀将其全部粗刮一次,使其表面较平滑,以免研点时划伤检验平板。粗刮的方向不应与机械加工留下的刀痕方向垂直,以免因刮刀颤动而将表面刮出波纹。一般刮削方向与刀痕方向成45°角,如图5-34所示,各次刮削方向应交叉。粗刮时,用长刮刀,刀口端部要平,刮过的刀痕较宽(10 mm以上),行程较长,刮刀痕迹要连成一片,不可重复。机械加工的刀痕刮除后,即可研点,并按显出的高点逐一刮削。当工件表面上贴合点增至每25 mm×25mm面积内4~5个点时,可开始细刮。

2. 细刮

细刮就是将粗刮后的高点刮去,使工件表面的贴合点增加。刮削刀痕宽度6 mm左右,长5~10 mm,每次都要刮在点子上,点子越少刮去的越多,点子越多刮去的越少。要朝着一定方向刮,刮完一遍,刮第二遍时要与第一遍成45°或60°方向交叉刮出网纹。

3. 精刮

精刮时选用较短的刮刀。用这种刮刀时用力要小,刀痕较短。经过反复刮削和研点,直到最后达到要求为止。

4. 刮花

刮花的目的是增加美观,保证良好的润滑,并可借刀花的消失来判断平面的磨损程度。一般常见的花纹有斜纹花纹(即小方块)和鱼鳞花纹等,如图5-35所示。

图 5-34 粗刮方向　　　　　　图 5-35 刮花图案

四、曲面刮削简介

一些滑动轴承的轴瓦、衬套等,为了要获得良好的配合精度,也需进行刮削,如图5-36所示,为用三角刮刀刮削轴瓦。研点方法是在轴上涂色,再与轴瓦配研。

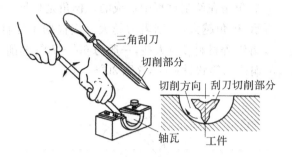

图 5-36 用三角刮刀刮削轴瓦

第六节 錾 削

錾削是用手锤敲击錾子对金属进行切削加工的一种操作。錾削可以加工平面、沟槽、錾断金属及清理铸件和锻件上的毛刺、飞边和残留的浇冒口,另外,油槽或不便机械加工的工件等也可以用錾削进行加工。每次錾削的金属层厚度为 0.5~2 mm。

一、錾削工具

(一)錾子

錾子材料必须比工件材料的硬度高,一般用碳素工具钢锻成,经淬火和回火处理后,使切削部分硬度达到 56~62HRC。

錾子由切削部分、斜面、柄和头部四个部分组成,如图 5-37 所示。其长度大约为 150mm。柄部形状做成八棱形,头部呈圆锥形,顶端略呈球面形,使锤击力容易通过錾的中心。

錾子的种类是根据錾削工作的需要制作的,常用錾子有三种。

(1)平錾(又称扁錾)。它的切削部分扁平,切削刃略带圆弧形,刃宽一般为 10~15 mm [见图 5-38(a)],用于錾削较小的平面,及清除毛坯表面的毛刺、飞边、浇冒口和切断材料等。

(2)窄錾(又称槽錾)。它的切削刃比较窄,刃宽一般约 5 mm,如图 5-38(b)所示。从刃尖起两侧向柄部逐渐窄小,在錾削时不会被工件卡住。斜面有较大的角度,使切削部分有足够的强度。适用于錾削沟槽和分割曲线形薄板等。

(3)油槽錾。它的切削刃很窄,并呈圆弧形,錾的前端作成弯曲形状[见图 5-38(c)],适用于錾削各种内表面润滑油槽。

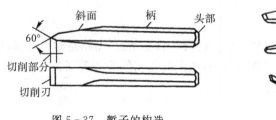

图 5-37 錾子的构造

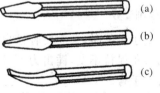

图 5-38 錾子的种类

錾子工作时的前角和后角是在錾削过程中形成的。楔角是根据工件材料性质选取的。

楔角 β 如图 5-39 所示,楔角越大,錾削阻力越大。应根据工件材料软硬不同,选取不同的楔角数值。錾削硬钢或铸铁等材料 β 应大些,一般为 $60°\sim70°$;錾削一般钢材和中等硬度材料时,β 取 $50°\sim60°$;錾削铜或铝等软材料时,β 取 $30°\sim50°$。

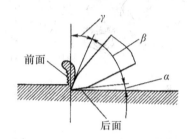

图 5-39 錾削示意图

后角 α,其大小取决于錾削时被掌握的方向。后角太大,会使錾子切入太深,錾削困难。后角太小,錾子容易从工件表面打滑。一般后角 α 取 $5°\sim8°$ 为宜。

(二)手锤

它是钳工常用的敲击工具,手锤一般质量为 0.5 kg,全长约 300 mm。锤头一般用碳素工具钢锻造而成,并经淬火和回火处理。

二、錾削方法

(一)錾子和手锤的握法

应松动自如地握着錾子,主要用中指、无名指及小指握持,大拇指和食指自然接触,錾顶应露出约 20~25 mm,如图 5-40 所示。手锤是以拇指和食指握住锤柄,另外三指自然松动,锤柄露出 15~30 mm,虎口自然放松,每当锤击时使五指握紧,如图 5-41 所示。

图 5-40 錾子的握法

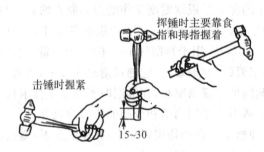

图 5-41 手锤及其握法

(二)錾削姿势

使用錾子錾削时,站立要轻松自然,以小臂挥锤,目视錾刃,而不是錾头,同时錾子要握稳,使錾子的后角保持不变,锤击力不可忽大忽小,施力的作用线应和錾子的中心线保持一致,否则容易击伤手臂。

(三)錾削步骤及方法

錾削可以分为起錾、錾削和停錾三个阶段。

(1)起錾。起錾时錾子尽可能向右倾斜45°左右,如图5-42(a)所示,从工件尖角处着手,轻打錾子,同时慢慢把錾子移向中间,使刃口与工件平行。如不允许从边缘尖角起錾(如錾削深槽),则起錾时刃口要贴住工件,錾子头部向下倾30°左右,如图5-42(b)所示。

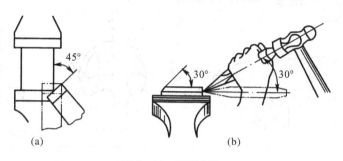

图5-42 起錾方法

(2)錾削。粗錾时錾刃表面与工件夹角 α 约为3°~5°,并且用力应重;细錾时 α 应略大一些,并且用力应较轻。

(3)停錾。当錾削到靠近工件尽头10 mm左右时必须停住,然后调头錾掉余下的部分。否则,錾到最后,材料的角或边会被崩裂。

第七节 攻螺纹和套螺纹

在钳工生产中,螺纹的加工方式主要是手工加工。用丝锥在圆孔的内表面加工内螺纹的操作称为攻螺纹;用板牙在圆杆的外表面加工外螺纹的方法称套螺纹。由于连接螺钉和紧固螺钉已经标准化,所以在钳工的螺纹加工中,攻螺纹和套螺纹操作最常见,且攻螺纹和套螺纹的刀具也是标准化的。

一、攻螺纹

(一)攻螺纹工具

1. 丝锥

丝锥是加工内螺纹的刀具,也称螺纹攻,它的结构如图5-43所示。其工作部分是一段开槽的外螺纹,还包括切削部分和校准部分。切削部分是圆锥形。切削负荷被各刀齿分担。修正部分具有完整的齿形,用以校准和修光切出的螺纹。丝锥有3~4条窄槽,以形成切削刃和排除切屑。丝锥的柄部是方头的,攻丝时用其传递力矩。

M6~M24的手用丝锥一般由两支组成一套,分为头锥和二锥。两支丝锥的外径、中径和内径是相等的,只是切削部分的长短和锥角不同。头锥的切削部分长些,锥角小些,约有6个不完整的齿以便起切。二锥的切削部分短些,不完整齿约为2个。切不通螺孔时,两支丝锥顺次使用。

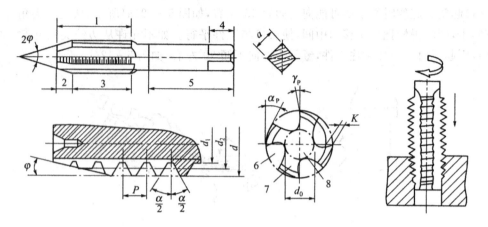

1—工作部分；2—切削部分；3—校准部分；4—夹持部分；5—柄部；6—退屑槽；7—切削齿；8—芯部

图 5-43 丝锥结构

大于 M24 且螺距大于 2.5 mm 的丝锥和小于 M6 的手用丝锥常制成三支一套，并且是由不等径的头锥、二锥、三锥组成，其目的是合理分配切削余量，头锥切去 60%，二锥切去 30%，三锥切去余下的 10%。这种丝锥要求按丝锥顺序依次攻螺纹，才能达到配合要求，否则螺钉无法旋入螺孔中。

2. 铰杠

铰杠是板转丝锥的工具，如图 5-44 所示，常用的是可调节式铰杠，转动右边的手柄或螺钉，即可调节方孔大小，以便夹持各种不同尺寸的丝锥。铰杠的规格要与丝锥的大小相适应。小丝锥不宜用大铰杠，否则，易折断丝锥。

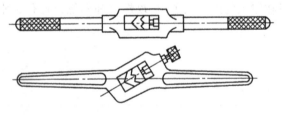

图 5-44 铰杠

(二)攻螺纹方法

攻螺纹前，先检查工件上螺纹底孔直径和孔口倒角是否符合要求，倒角的作用是利于丝锥的切入，防止孔口螺纹崩裂。螺纹底孔直径可以通过查表或用经验公式计算得出。对钢等韧性材料的公式为 $d = D - P$ [d 为底孔直径(mm)，D 为内螺纹大径(mm)，P 为螺距(mm)]，对于铸铁等脆性材料公式为 $d = D - (1.05 \sim 1.1)P$。

用头锥攻螺纹时，将丝锥垂直放入工件螺纹底孔，然后用铰杠轻压旋入 1~2 周，再用目测或直尺在两个相互垂直的方向上校准丝锥与端面保持垂直，然后继续转动，直至切削部分全部切入后，就不要加压了，而靠丝锥自然地旋进即可，这时每旋进 1~2 周，反转 1/4~1/2 周，以使切屑断落，如图 5-45 所示。头锥攻完，再改用二锥攻，先旋入 1~2 圈，再使用铰杠，以防乱扣。

对钢料攻丝时,要加乳化液或机油润滑;对铸铁攻丝时,一般不加切削液,但若螺纹表面要求光滑时,可加些煤油。用二锥和三锥攻螺纹时,先用手指将丝锥旋进螺纹孔,然后用铰杠转动,旋转铰杠时不需加压。有时要对不通孔(盲孔)攻螺纹,由于丝锥不能在孔底部切出完整螺纹,因此底孔深度应大于螺纹的有效长度,这段长度大约为0.7D。因此,盲孔的深度h为螺纹的有效长度加上0.7D。攻螺纹时,要及时注意丝锥顶端碰到孔底,并及时清除积屑。

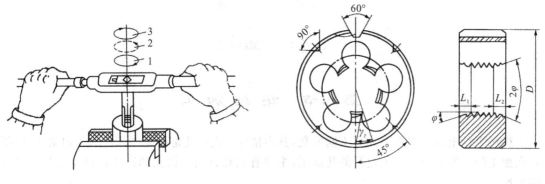

1—顺转一圈;2—反转1/4~1/2圈;3—继续顺转
图5-45 攻螺纹操作

图5-46 板牙

二、套螺纹

(一)套螺纹工具

1. 板牙

板牙原型是一个螺母,两端制出切削锥角为2φ的小内锥,并有3~5条容屑槽,以形成刀刃。内锥面为切屑部分,其中部为校准部分,起修正和导向作用,如图5-46所示。

2. 板牙架

板牙架是用于夹持板牙并带动板牙转动的专用工具,其构造如图5-47所示。

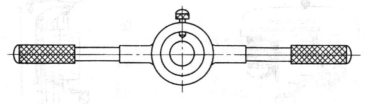

图5-47 板牙架

(二)套螺纹操作

套螺纹时,应检查圆杆直径,若直径太大难以套入,直径太小套出的螺纹不完整。套螺纹的圆杆必须倒角。圆杆直径可用公式$d = D - 0.13P$(d为圆杆直径,D为螺纹大径,P为螺距)计算。如图5-48所示,套扣时板牙端面与圆杆垂直,开始转动板牙架时,要稍加压力,套入几扣后,即可转动,不再加压。套扣过程中要时常反转,以便断屑。在钢件上套扣时,亦应加机油润滑。

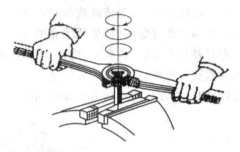

图 5-48 套螺纹操作

第八节 钻削加工

机械零件上分布着许多大小不同的孔,其中精度不高的孔都是在钻床上加工出来的,钻削是孔加工的主要方法。钳工进行的孔加工,主要有钻孔、扩孔、铰孔和锪孔。钻孔也是攻螺纹前的准备工序。

一、钻床

(一)台式钻床

台式钻床简称"台钻",如图 5-49 所示。台钻是一种小型机床,安放在钳工台上使用。其钻孔直径一般在 12 mm 以下。由于加工的孔径较小,台钻主轴转速较高,最高时每分钟可近万转,故可加工 1 mm 以下小孔。主轴转速一般用改变三角胶带在带轮上的位置的方法来调节。台钻的主轴进给运动由手动完成。台钻小巧灵便,主要用于加工小型工件上的各种孔。在钳工中,台钻使用得最多。

图 5-49 台式钻床

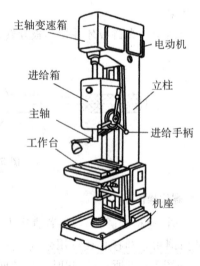

图 5-50 立式钻床

(二)立式钻床

立式钻床简称"立钻",如图 5-50 所示。一般用来钻中型工件上的孔,其规格用最大钻孔直径表示,常用的有 25 mm,35 mm,40 mm,50 mm 等几种。立式钻床主要由机座、立柱、主轴变速箱、进给箱、主轴、工作台和电动机等组成。主轴变速箱和进给箱与车床类似,分别用以改变主轴的转速与直线进给速度。钻小孔时,转速需高些;钻大孔时,转速应低些。钻孔时,工件安放在工作台上,通过移动工件位置使钻头对准孔的中心。

(三)摇臂钻床

摇臂钻床用来钻削大型工件的各种螺钉孔、螺纹底孔等,如图 5-51 所示。它有一个能绕立柱旋转的摇臂,摇臂也可沿着立柱上下移动,当摇臂绕立柱旋转或沿着立柱上下移动到合适的位置后锁定。主轴箱可以在摇臂上做横向移动,并随摇臂沿立柱上下做调整运动。刀具安装在主轴上,操作时,利用摇臂钻这些结构上特点,能很方便地调整刀具位置,对准所钻孔的中心,而不需移动工件。摇臂钻床加工范围广泛,在单件和成批生产中多被采用,主要是加工大型零件和多孔工件。

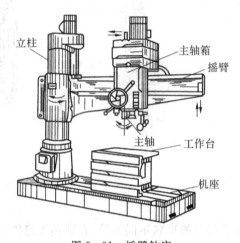

图 5-51 摇臂钻床

二、钻孔、扩孔、铰孔

(一)钻孔

1. 钻孔刀具

麻花钻是钻孔的主要刀具,通常用高速钢制成。麻花钻由柄部(尾部)、颈部和工作部分组成,工作部分又包括切削部分和导向部分,如图 5-52 所示。

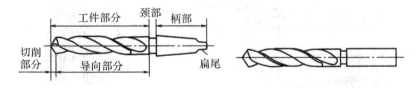

图 5-52 麻花钻的构造

柄部是麻花钻的夹持部分,钻柄有直柄和锥柄两种,直柄一般用于直径小于 12 mm 的钻头,直径大于 12 mm 的钻头多用锥柄。

颈部位于工作部分与柄部之间，可在磨柄时供砂轮退刀用，又是钻头打标记的地方。

麻花钻的工作部分有两条对称的螺旋槽，用来形成切削刃和前角，并起着排屑和输送冷却液的作用。为了减少摩擦而又起导向作用，导向部分做出两条窄的棱边，它的直径略带锥度，愈靠近柄部直径越小，从而形成很小的倒锥。

麻花钻的切削部分(见图 5-53)担负主要的切削工作。它有两个主切削刃，每一个刀刃可看作一把反向的外圆车刀。切屑沿着它流出的那一部分螺旋表面，即为钻头的前刀面。切削部分顶端两曲面称为后刀面。钻头的棱边即为副后刀面。两个主切削刃之间的夹角 2φ 称为顶角。两个后刀面的交线称为横刃，横刃上有很大的负前角，切削条件非常差，因此造成很大的轴向力。据试验，钻削时约有 1/2 的轴向力是因横刃而产生的。

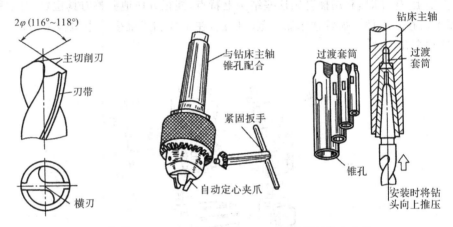

图 5-53 麻花钻的切削部分　　图 5-54 麻花钻的装夹方法

2. 钻头的装夹

麻花钻的装夹方法，按其柄部的形状不同而异，直柄钻头可用钻夹头夹紧。锥柄可以直接装入钻床主轴孔内，较小的钻头可用过渡套筒安装，如图 5-54 所示。

(二)扩孔

扩孔是用扩孔钻(见图 5-55)对工件上已有的孔进行扩大的加工方法。扩孔钻的形状与麻花钻相似，它有 3～4 个切削刃，没有横刃。扩孔加工时切削深度小、切屑窄、螺旋槽较浅，使得扩孔钻的钻芯大、刚度好，扩孔时导向性好。扩孔加工精度一般可达 IT11～IT10 级，表面粗糙度 Ra 值为 12.5～3.2 μm。

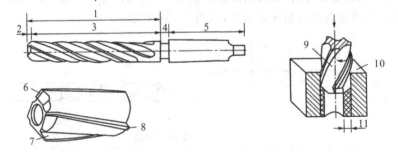

1—工作部分；2—切削部分；3—校准部分；4—颈部；5—柄部；6—主切削刃
7—前刀面；8—刃带；9—扩孔钻；10—工件；11—扩孔余量

图 5-55 扩孔钻和扩孔

(三)铰孔

铰孔是用铰刀对孔进行精加工。铰刀分为机铰刀和手铰刀两种。机铰刀为锥柄,如图 5-56 所示,可以装在车床或钻床上铰孔;手铰刀为直柄,它的工作部分较长,用于手工铰孔。

铰刀刚性好,有 6~8 个齿,因而导向性能好,另外铰刀还有修光部分,因此铰孔精度一般可达 IT9~IT7 级,表面粗糙度 Ra 值可达 0.3~0.4 μm。铰孔时铰刀不允许倒转,否则会引起刀刃磨钝或划伤工件表面。

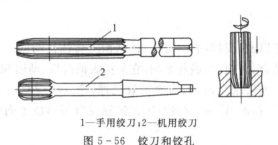

1—手用铰刀;2—机用铰刀

图 5-56 铰刀和铰孔

三、锪孔与锪平面

对工件上的已有孔进行孔口型面的加工称为锪削,如图 5-57 所示。锪削又分锪孔和锪平面。圆柱形埋头孔锪钻的端刃主要起切削作用,周刃作为副切削刃,起修光作用。为了保持原有孔与埋头孔同心,锪钻前端带有导柱,可与已有的孔滑配,起定心作用。

锪钻顶角有 60°、75°、90° 及 120° 这 4 种,其中 90° 的用得最广泛。锥形锪钻有 6~12 个刀刃端面。锪钻用于锪与孔垂直的孔口端面(凸台平面)。小直径孔口端面可直接用圆柱形埋头孔锪钻加工,较大孔口的端面可另行制作锪钻。锪削时,切削速度不宜过高,钢件需加润滑油,以免锪削表面产生径向振纹或出现多棱形等质量问题。

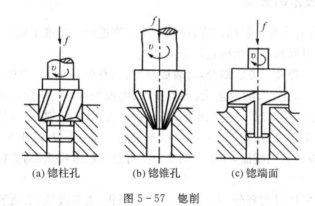

(a)锪柱孔　(b)锪锥孔　(c)锪端面

图 5-57 锪削

第六章 表面处理

表面处理技术是用以改变材料表面特性,达到预防腐蚀目的的技术。表面工程是近代表面技术与古典工艺相结合、繁衍、发展起来的,它包括表面改性、薄膜和涂层三大技术。它拥有表面分析、表面性能、表面层结合机理、表面失效机理、涂(膜)层材料、涂(膜)层工艺、施涂设备、测试技术、检测方法、标准、评价、质量与工艺过程控制等形成表面膜层工程化规模生产的成套技术和内容。

现代的表面处理工程是一个十分庞大的技术系统,它涵盖范围包括防腐蚀技术、表面摩擦磨损技术、表面特征转换(例如表面声、光、磁、电的转换)技术、表面美化装饰技术等。现代表面处理技术可以按照设想改变物体的表面特性,获得一种全新的、与物体本身不同的特性,以适应人们的需求。现在,表面处理工程已经发展成为横跨材料学、摩擦学、物理学、化学、界面力学和表面力学、材料失效与防护、金属热处理学、焊接学、腐蚀与防护学、光电子学等学科的边缘性、综合性、复合性学科。

第一节 表面处理技术概述

一、表面处理技术的分类

表面处理技术有着十分广泛的内容,仅从一个角度进行分类难于概括全面,目前也没有统一的分类方法,我们可以从不同角度进行分类。

(1)按具体表面处理技术方法划分,有表面热处理、化学热处理、物理气相沉积、化学气相沉积、离子注入、电子束强化、激光强化、火焰喷涂、电弧喷涂、等离子喷涂、爆炸喷涂、静电喷涂、流化床涂覆、电泳涂装、堆焊、电镀、电刷镀、自催化沉积(化学镀)、热浸镀、化学转化、溶胶-凝胶技术、自蔓燃高温合成、搪瓷等。每一类技术又进一步细分为多种方法,例如火焰喷涂包括粉末火焰喷涂和线材火焰喷涂,粉末火焰喷涂又有金属粉末喷涂、陶瓷粉末喷涂和塑料粉末喷涂等。

(2)按表面层的使用目的划分,大致可分为表面强化、表面改性、表面装饰和表面功能化四大类。表面强化又可以分为热处理强化、机械强化、冶金强化、涂层强化和薄膜强化等,着重提高材料的表面硬度、强度和耐磨性;表面改性主要包括物理改性、化学改性、三束(激光、电子束和离子束)改性等,着重改善材料的表面形貌以及提高其表面耐腐蚀性能;表面装饰包括各种涂料涂装和精饰技术等,着重改善材料的视觉效应并赋予其足够的耐候性;表面功能化则是指使表面层具有上述性能以外的其他物理化学性能,如电学性能、磁学性能、光学性能、敏感性能、分离性能、催化性能等。

(3) 按表面层材料的种类划分,一般分为金属(合金)表面层、陶瓷表面层、聚合物表面层和复合材料表面层四大类。许多表面处理技术都可以在多种基体上制备多种材料表面层,如热喷涂、自催化沉积、激光表面处理、离子注入等。但有些表面处理技术只能在特定材料的基体上制备特定材料的表面层,如热浸镀。不过,并不能据此判断一种表面处理技术的优劣。

(4) 从材料科学的角度划分,即按沉积物的尺寸进行划分,表面工程技术可以分为以下4种基本类型。

1) 原子沉积:以原子、离子、分子和粒子集团等原子尺度的粒子形态在基体上凝聚,然后成核、长大,最终形成薄膜。被吸附的粒子处于快冷的非平衡态,沉积层中有大量结构缺陷。沉积层常和基体反应生成复杂的界面层。凝聚成核及长大的模式,决定着涂层的显微结构和晶型。电镀、化学镀、真空蒸镀、溅射、离子镀、物理气相沉积、化学气相沉积、等离子聚合、分子束外延等均属此类。

2) 颗粒沉积:以宏观尺度的熔化液滴或细小固体颗粒在外力作用下于基体材料表面凝聚、沉积或烧结。涂层的显微结构取决于颗粒的凝固或烧结情况。热喷涂、搪瓷涂覆等都属此类。

3) 整体覆盖:欲涂覆的材料于同一时间施加于基体表面,如包箔、贴片、热浸镀、涂刷、堆焊等。

4) 表面改性:用离子处理、热处理、机械处理及化学处理等方法处理表面,改变材料表面的组成及性质,如化学转化镀、喷丸强化、激光表面处理、电子束表面处理、离子注入等。

二、表面工程技术的作用

(1) 金属材料及其制品的腐蚀、磨损及疲劳断裂等重要损伤,一般都是从材料表面、亚表面或因表面因素而引起的,它们带来的破坏和经济损失是十分惊人的。例如,仅腐蚀一项,据统计全世界钢产量的1/10由于腐蚀而损耗,工业发达国家因腐蚀破坏造成的经济损失占国民经济总产值的2%~4%,美国1995年因腐蚀造成的损失至少为3 000亿美元,我国每年因腐蚀造成的损失至少达2 000亿元。磨损造成的损失与之相近。因此,采用表面改性、涂覆、薄膜及复合处理等工艺技术,加强材料表面防护,提高材料表面性能,控制或防止表面损坏,可延长设备、工件的使用寿命,获得巨大的经济效益。

(2) 表面技术不仅是现代制造技术的重要组成与基础工艺之一,同时又为信息技术、航天技术、生物工程等高新技术的发展提供技术支撑。诸如离子注入半导体掺杂已成为超大规模集成电路制造的核心工艺技术。手机上的集成电路、磁带、激光盘、电视机的屏幕、计算机内的集成块等均赖以表面改性、薄膜或涂覆技术才能实现。又如人造卫星的头部锥体和翼前沿,表面工作温度几千度,甚至达10 000 ℃,采用了隔热涂层、防火涂层和抗烧蚀涂层等复合保护基体金属,才能保证其正常运行。

(3) 利用表面工程技术,使材料表面获得它本身没有而又希望具有的特殊性能,而且表层很薄,用材十分少,性能价格比高,节约材料和节省能源,减少环境污染,是实现材料可持续发展的一项重要措施。

(4) 随着表面技术与科学的发展,表面工程的作用有了进一步扩展。通过专门处理,根据需要可赋予材料及其制品具有绝缘、导电、阻燃、红外吸收及防辐射、吸收声波、吸声防噪、防沾污性等多种特殊功能。表面工程技术也可为高新技术及其制品的发展提供一系列新型表面材料,如金刚石薄膜、超导薄膜、纳米多层膜、纳米粉末、碳60、非晶态材料等。

(5) 随着人们生活水平的提高及工程美学的发展,表面工程在金属及非金属制品表面装饰作用也更引人注目且得到更为显著的发展。

三、表面工程技术的主要任务

(1) 提高金属材料抵御环境作用的能力。如提高材料及其制品耐腐蚀、抗高温氧化、耐磨减摩、润滑及抗疲劳性能等,从而延长其使用寿命。

(2) 根据需要,赋予材料及其制品表面力学性能、物理功能和多种特殊功能、声光磁电转换及存储记忆的功能;制造特殊新型材料及复层金属板材。

(3) 赋予金属或非金属制品表面光泽的色彩、图纹、优美外观。

(4) 实现特定的表面加工来制造构件、零件和元器件等。

(5) 修复磨损或腐蚀损坏的零件;挽救加工超差的产品,实现再制造工程。

(6) 研究各类材料表面的失效机理与表面工程技术的应用理论问题,开发新的表面工程技术;把"表面与整体"视为一个系统,进行现代化表面工程设计,获取更大的经济效益。

第二节 电 镀

电镀是一种表面加工工艺,它是利用电化学的方法将金属离子还原为金属,并沉积在金属或非金属制品表面上,形成符合要求的平滑、致密的金属覆盖层。其实质是给各种制品穿上一层金属"外衣",这层金属"外衣"就叫作电镀层,它的性能在很大程度上取代了原来基体的性质。电镀作为表面处理手段有着悠久的历史,其应用范围遍及工业、农业、军事、航空、化工和轻工业等领域。

概括起来,根据需要,电镀的目的主要有以下 3 个:

(1) 提高金属制品的耐腐蚀能力,赋予制品表面装饰性外观。

(2) 赋予制品表面某种特殊功能,例如提高硬度、耐磨性、导电性、磁性、钎焊性、抗高温氧化性,减少接触面的滑动摩擦,增强反光能力,防止射线的破坏和防止钢铁件热处理时的渗碳和渗氮等。

(3) 提供新型材料,以满足当前科技与生产发展的需要,例如制备具有高强度的各种金属基复合材料、合金、非晶态材料、纳米材料等。在金属材料中加入具有高强度的第二相,可使结构材料的强度显著提高。

一、电镀的基本过程

电镀是将零件浸在金属盐的(如 $NiSO_4$)溶液中作为阴极,金属板作为阳极,接通电源后,在零件表面就会沉积出金属镀层。图 6-1 为电镀过程的示意图。例如在硫酸镍电镀溶液中镀镍时,在阴极上发生镍离子的电子还原为镍金属的反应,这是主要的电极反应,其反应式为

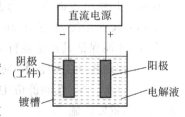

图 6-1 电镀基本过程示意图

$$Ni^{2+} + 2e^- \rightarrow Ni$$

另外,镀液中的氢离子也会在阴极表面还原为氢的副反应,即

$$2H^+ + 2e^- \rightarrow H_2\uparrow$$

析氢副反应可能会引起电镀零件的氢脆,造成电镀效率降低等不良后果。

在镍阳极上发生金属镍失去电子变为镍离子的氧化反应,即
$$Ni \rightarrow Ni^{2+} + 2e^-$$

有时还有可能发生如下副反应:
$$4OH^- \rightarrow 2H_2O + O_2 + 4e^-$$

在电镀过程中,电极反应是电流通过电极/溶液界面的必要条件,正因为如此,阴极上的还原沉积过程由以下几个过程构成:

(1)溶液中的金属离子(如水化金属离子或络合离子)通过电迁移、对流、扩散等形式到达阴极表面附近;

(2)金属离子在还原之前在阴极附近或表面发生化学转化;

(3)金属离子从阴极表面得到电子还原成金属原子;

(4)金属原子沿表面扩散到达生长点,进入晶格生长,或与其他离子相遇形成晶核,长大成晶体。

在形成金属晶体时又分两个步骤进行,即结晶核的生成和长大。晶核的形成速度和成长速度决定所得到镀层晶粒的粗细。

电结晶是一个有电子参与的化学反应过程,需要有一定的外电场的作用。在平衡电位下,金属离子的还原和金属原子的氧化速度相等,金属镀层的晶核不可能形成。只有在阴极极化条件下,即比平衡电位更负的情况下才能生成金属镀层的晶核。所以说,为了产生金属晶核,需要一定的过电位。电结晶过程中的过电位与一般结晶过程中的过饱和度所起的作用相当。而且过电位的绝对值越大,金属晶核越容易形成,越容易得到细小的晶粒。

不是所有的金属离子都能从水溶液中沉积出来,如果在阴极上氢离子还原为氢的副反应占主要地位,则金属离子难以在阴极上析出。

二、电镀电源

前面已经说过,所谓的电镀是在电流的作用下,溶液中的金属离子在阴极还原并沉积在阴极表面的过程。所以,在基体表面制备电镀层就必须具备能够提供电流的电源设备。

用直流电向电镀槽供电时,多数工厂使用低压直流发电机和各种整流器。大多数的电镀设备都使用电压为6~12V的不同功率的电源。只有铝及其合金在阳极氧化时需要电压为60~120V的直流电源。电镀槽电流的供给也是多样的,当必须使电流密度保持一定的范围时,最好用单独的电源向镀槽供电,也可以用一个电源向几个镀槽供电。

直流发电机具有使用可靠、输出电压稳定、直流波形平滑、可提供大电流、维修方便等优点,但因其耗能较大、噪声高,使用受到限制,许多电镀厂家已经不再使用。

应用在电镀上的整流器有硒整流器、硅整流器、氧化铜整流器、可控硅整流器等。各种整流器具有转换率高、调节方便、维护简单、噪声小、无机械磨损等优点,并可直接安装在镀槽旁,节约了导电金属材料。可控硅整流器还有质量轻、体积小的特点。它们的缺点是怕热,不能承受冲击负荷。

随着电镀技术的发展,先后出现了许多特种电镀技术。这些电镀技术都需要有专门的电镀电源,这些电源有些是在传统的电源上做一些改进,有些是具有新的特点的电源,比如脉冲电源、电刷镀电源等。

三、电镀电极

(1)阳极。电镀时发生氧化反应的电极为阳极。有不溶性阳极和可溶性阳极之分。不溶性阳极的作用是导电和控制电流在阴极表面的分布;可溶性阳极除了有这两种作用外,还具有向镀液中补充放电金属离子的作用。后者在向镀液补充金属离子时,最好是阳极上溶解入溶液的金属离子的价数与阴极上消耗掉的相同,一般都采用与镀层金属相同的块体金属做可溶性阳极。如酸性镀锡时,阴极上消耗掉的是 Sn^{2+},要求阳极上溶解入溶液的也是 Sn^{2+};在碱性镀锡时,阴极上消耗掉的是 Sn^{4+},要求阳极上溶解入溶液的也是 Sn^{4+}。同时还希望阳极上溶解入溶液中的金属离子的量与阴极上消耗掉的基本相同,以保持主盐浓度在电镀过程中的稳定。

阳极的纯度、形状及它在溶液中的悬挂位置和它在电镀时的表面状态等对电镀层质量都有影响。

(2)阴极。在电镀过程中的阴极为欲镀零件。电镀过程是发生在金属与电镀液相接触的界面上的电化学反应过程。要想使反应过程能够在金属表面顺利进行,必须保证镀液与制品基体表面接触良好,也就是说基体表面不允许有任何油污、锈或氧化皮,同时基体表面还应力求平整光滑,这样才能使镀液很好地浸润基体表面,才能使镀层与基体表面结合牢固。由于金属制品的材料种类很多,其原始表面状态也是各式各样的。因此,必须根据具体情况,在电镀前正确地选择与安排预处理工序及操作顺序。

四、电镀挂具

挂具的主要作用是固定镀件和传导电流。设计挂具的基本要求是:有良好导电性和化学稳定性;有足够机械强度,保证装夹牢固;装卸方便;非工作部分绝缘处理。

挂具的结构多种多样,既有通用型挂具,也有专用挂具,尤其是对复杂形状的镀件常需专门设计。设计挂具时要考虑镀件形状、大小、设备能力和生产流程。在满足对挂具基本要求的前提下,还应货源广、成本低。通常在外形尺寸上要求挂具顶部距液面不小于50mm,挂具底部距槽底约 100~200mm,挂具与挂具之间约 20~50mm。电镀挂具一般由吊钩、提杆、主架、支架和挂钩五部分组成,如图 6-2 所示。

挂具的吊钩与极棒相连,同时具有承重和导电作用。所以吊钩材料应有足够的机械强度和导电性。吊钩与极棒应有良好的接触。

挂具的非导电部位用绝缘材料包扎或涂覆。要求绝缘材料有化学稳定性、耐热和耐水性。涂料与挂具应结合牢固,涂层坚韧致密。

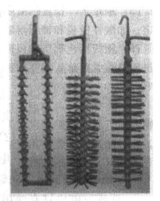

图 6-2 电镀挂具

五、电镀槽

电镀槽是电镀所用的主要工艺槽。常用镀槽的大小、结构和材料等皆有多种类型。镀槽的大小主要由生产能力与操作方便决定。镀槽结构设计既要保证有足够的机械强度,同时要考虑与辅助设备方便而有效的连接。镀槽材料的选用要符合工艺条件及其用途,并且尽可能成本低,适应性广。通常,碱性镀槽的槽体用碳钢板,加热系统用普通钢管。常温碱性镀槽也用钢板内衬聚氯乙烯,以便于碱性氰化物镀液。有时作为临时使用,还可以用砖、水泥制作镀槽。酸性镀槽可用聚氯乙烯板焊制,或钢板内衬聚氯乙烯板。加热系统可用铅锑合金管。有时热酸性槽也用玻璃钢作槽体。

六、电镀溶液的组成及其作用

电镀是在电镀液中进行的。不同的镀层金属所使用的电镀溶液的组成是多种多样的,即便是同一种金属镀层所采用的电镀溶液也可能差别很大。不管是什么样的电镀液配方都大致由以下几部分组成:主盐、络合剂、导电盐、缓冲剂、阳极去极化剂以及添加剂等。它们各有不同的作用,分别介绍如下。

(1)主盐。主盐能够在阴极上沉积出所要求的镀层金属的盐称为主盐,如电镀镍时的硫酸镍、电镀铜时的硫酸铜等。根据主盐性质的不同,可以将电镀液分为简单盐电镀溶液和络合物电镀溶液两大类。

简单盐电镀溶液中主要金属离子以简单离子形式存在(如 Cu^{2+},Ni^{2+},Zn^{2+} 等),其溶液都是酸性的。在络合物电镀溶液中,因含有络合剂,主要金属离子以络离子形式存在,如$[Cu(CN)_3]^{2-}$、$[Zn(CN)_4]^{2-}$、$[Ag(CN)_2]^-$ 等,其溶液多数是碱性的,也有酸性的。

(2)导电盐。导电盐能提高溶液的电导率,而对放电金属离子不起络合作用的物质。这类物质包括酸、碱和盐。由于它们的主要作用是提高溶液的导电性,习惯上通称为导电盐。如酸性镀铜溶液中的 H_2SO_4,氯化物镀锌溶液中的 KCl,NaCl 及氰化物镀铜溶液中的 NaOH 和 Na_2CO_3 等。

(3)络合剂。在溶液中能与金属离子生成络合离子的物质称为络合剂,如氰化物镀液中的 NaCl 或 KCl,焦磷酸盐镀液中的 $K_4P_2O_7$ 或 $Na_4P_2O_7$ 等。

(4)缓冲剂。缓冲剂用来稳定溶液的 pH 值,特别是阴极表面附近的 pH 值。缓冲剂一般是弱酸或弱酸的酸式盐,如镀镍溶液中的 H_3BO_3 和焦磷酸盐镀液中的 Na_2HPO_4 等。

任何一种缓冲剂都只能在一定的范围内具有好的缓冲作用,超过这一范围,其缓冲作用将不明显或者完全没有缓冲作用,而且必须有足够的量才能起到稳定溶液 pH 值的作用。缓冲剂可以减缓阴极表面因析氢而造成的局部 pH 值的升高,并能将其控制在最佳值范围内,所以对提高阴极极化有一定作用,也有利于提高镀液的分散能力和镀层质量。

(5)稳定剂。稳定剂主要用来防止镀液中主盐水解或金属离子的氧化,保持溶液的清澈稳定,如酸性镀锡和镀铜溶液中的硫酸、酸性镀锡溶液中的抗氧化剂等。

(6)阳极活化剂。阳极活化剂是在电镀过程中能够消除或降低阳极极化的物质,它可以促进阳极正常溶解,提高阳极电流密度,如镀镍溶液中的氯化物,氰化镀铜溶液中的酒石酸盐等。

(7)添加剂。添加剂是指那些在镀液中含量很低,但对镀液和镀层性能却有着显著影响的物质。近年来添加剂的发展速度很快,在电镀生产中占的地位越来越重要,种类越来越多,而且越来越多地使用复合添加剂来代替单一添加剂。

七、影响镀层质量的因素

作为金属镀层,无论其使用目的和使用场合如何,都应该满足以下要求:镀层致密无孔,厚度均匀一致,镀层与基体结合牢固。影响镀层质量的主要因素有以下几个方面：

(1) **镀前处理质量。**镀前处理对镀层质量有着非常重要的作用。镀前处理的每道工序都会对镀层质量产生直接影响。相比其他电镀工序,镀前处理是最容易被忽视的,也是最容易出问题的地方。

(2) **电镀溶液的本性。**镀液的性质、组成各成分的含量以及附加盐和添加剂的含量都会影响镀层质量。这部分内容在此不再赘述。

(3) **基体金属的本性。**镀层金属与基体金属的结合是否良好,与基体金属的化学性质有密切关系。如果基体金属的电位负于镀层金属的电位,或对易于钝化的基体或中间层,若不采取适当的措施,很难获得结合牢固的镀层。

(4) **电镀过程。**电镀过程受到电流密度、温度和搅拌等因素的影响。

在其他条件不变的情况下,提高阴极电流密度,可以使镀液的阴极极化作用增强,镀层结晶变得细致紧密。如果阴极电流密度过大,超过允许的上限时,常常会出现镀层烧焦的现象,即形成黑色的海绵状镀层。电流密度过低时,阴极极化小,镀层结晶较粗,而且沉积速度慢。

提高镀液的温度,一方面加快了离子的扩散速度,导致浓度极化降低;另一方面,使离子的活性增强,电化学极化降低,阴极反应速度加快,从而使阴极极化降低,镀层结晶变粗。但是,镀液温度的升高使离子的运动速度加快,从而可以弥补由于电流密度过大或主盐浓度偏低所造成的不良影响。温度升高还可以减少镀层的脆性,提高沉积速度。

搅拌能够加速溶液的对流,使扩散层减薄,使阴极附近被消耗了的金属离子得以及时补充,从而降低了浓度极化。在其他条件不变的情况下,搅拌会使镀层结晶变粗。但是,搅拌可以提高允许电流密度的上限,可以在较高的电流密度和较高的电流效率下,获得致密的镀层。搅拌的方式有机械搅拌、压缩空气搅拌等。其中,压缩空气搅拌只适用于那些不受空气中的氧和二氧化碳作用的酸性电解液。

(5) **析氢反应。**在电镀过程中大多数镀液的阴极反应都伴随着有氢气的析出。在不少情况下析氢对镀层质量有恶劣的影响,主要缺陷有针孔或麻点、鼓泡、氢脆等。如当析出的氢气黏附在阴极表面上会产生针孔或麻点,当一部分还原的氢原子渗入基体金属或镀层中,使基体金属或镀层的韧性下降而变脆,这一过程叫氢脆。为了消除氢脆的不良影响,应在镀后进行高温除氢处理。

(6) **镀后处理。**镀后对镀件的清洗、钝化、除氢、抛光、保管等都会继续影响镀层质量。

除了上面所列举的因素外,影响镀层质量的因素还有很多。电镀工艺发展到现在,具体因素对镀层质量的影响已经被研究得很充分,相关的研究论文或书籍很多,可以很方便地查阅到。当然,上面这些因素的影响不是孤立的,改变其中某一个参数都很可能引起其他参数的联动变化,需要综合分析,找出内在的联系。有经验的电镀工程师或技工完全可以凭着肉眼观察发现问题出在哪个环节。当然,经验是在丰富的理论知识结合长时间的生产实践中总结出来的。

第三节 单金属电镀

一、镀锌

电镀锌是生产上应用最早的电镀工艺之一,工艺比较成熟,操作简便,投资少,在钢铁件的耐蚀性镀层中成本最低。作为防护性镀层的锌镀层的生产量最大,约占电镀总产量的50%左右。在机电、轻工、仪器仪表、农机、建筑五金和国防工业中得到广泛的应用。近来开发的光亮镀锌层,涂覆护光膜后使其防护性和装饰性都得到进一步的提高。

镀锌溶液种类很多,按照其性质可分为氰化物镀液和无氰化物镀液两大类。氰化物镀锌溶液具有良好的分散能力和覆盖能力,镀层结晶光滑细致,操作简单,适用范围广,在生产中被长期采用,但镀液中含有剧毒的氰化物,在电镀过程中逸出的气体对工人健康危害较大,其废水在排放前必须严格处理。无氰化物镀液有碱性锌酸盐镀液、氯化铵镀液、硫酸盐镀锌及无氰盐氯化物镀液等,其中碱性锌酸盐和无氰盐氯化物镀锌应用最多。

(一)镀锌工艺流程

上挂→电解除油→两道水洗→活化→两道水洗→镀锌→两道水洗→出光→水洗→钝化→三道水洗→下挂。

(二)镀锌操作细则

1. 镀前准备

(1)检查镀锌线行车轨道上有无物品;

(2)检查镀锌线的污水阀是否正常;

(3)揭开镀锌线上的盖子;

(4)打开所有空气搅拌开关;

(5)打开自来水总阀;

(6)依次打开控制柜的总开关、所用设备空开、所用设备控制柜面板开关。

2. 镀锌基本工序和工序要求

上挂具→电解除油→两道水洗→活化→两道水洗→镀锌→两道水洗→出光→水洗→钝化→三道水洗→下挂→吹干。

(1)上挂具。上挂具前必须将阴极杠、支架和挂具擦干净,确保导电良好;检查零件表面质量是否合格,若无油无锈,方可进行,如质量不合格则返回重新进行前处理;将前处理合格的工件,用专用挂具挂在行车阳极杠上;计算电镀电流;启动行车将工件吊起。

要求:工件离槽底距离≥150 mm;工件离槽两侧距离≥200 mm;工件和挂具接触要良好,在保证导电性能的情况下,接触面积尽可能小;挂具要与铜棒接触牢固;行车负重<500 kg。

(2)电解除油。启动行车,将工件吊入电解除油槽内;先将电流开关放置在小电流位置,再打开电源开关,小幅度调节电流至所需电流;除油1~3 min;关闭电源开关;启动行车将工件吊起。

要求:温度控制在50~70℃,确保除油干净后再将工件吊出。

(3)两道水洗。启动行车将工件吊入清水槽清洗1~3 s,依次过两道水洗槽,启动行车将工件吊出清水槽。

要求:清洗水要用流动水,确保清洗干净。

(4)活化。启动行车将工件吊入活化槽内,活化时间为 1~3 min,启动行车将工件吊起。

要求:工件表面锈渍处理要彻底。

(5)两道水洗。启动行车将工件吊入清水槽清洗 1~3 s,依次过两道水洗槽,启动行车将工件吊出清水槽。

要求:清洗水要用流动水,确保清洗干净。

(6)镀锌。启动行车将工件吊入镀槽中;先将电流开关放置在小电流位置,再打开电源开关,小幅度调节电流至所需电流;电镀 15min 以上(根据顾客要求及槽液状态、现场测量确定);关掉电源开关;启动行车将工件吊起。

要求:电镀期间要查看镀层表面情况,合理地调节电流及添加添加剂;观察阴、阳极表面现象,确保导电良好。

(7)两道水洗。启动行车将工件吊入清水槽清洗 1~3 s;依次过两道水洗槽,启动行车将工件吊出清水槽。

要求:清洗水要用流动水,确保清洗干净。

(8)出光。启动行车将工件吊入出光槽内,出光时间为 5~10 s,启动行车将工件吊起。

要求:出光后镀层表面应为光亮。

(9)水洗。启动行车将工件吊入清水槽清洗 1~3 s,依次过 2 道水洗槽,启动行车将工件吊出清水槽。

要求:清洗水要用流动水,确保清洗干净。

(10)钝化。启动行车将工件吊入钝化槽中;将工件置于钝化液内 5~15 s;启动行车,将工件吊出槽液后,静置 5~15 s。

要求:钝化时间要严格控制,pH 值控制在 1.2~1.8。

(11)三道水洗。启动行车将工件吊入清水槽清洗 1~3 s,依次过 3 道水洗槽,启动行车将工件吊出清水槽。

要求:清洗水要用流动水,确保清洗干净。

(12)下挂。启动行车将工件下挂。

(13)吹干。用压缩空气将工件表面的水分吹干后挂到烘干区。

(三)镀后要求

(1)将行车开到指定位置;

(2)将镀槽锌板吊出放入清水槽中;

(3)关掉所有电源开关;

(4)关掉总水阀;

(5)检查污水阀是否关闭;

(6)盖好镀锌线上的盖子。

二、镀铬

铬是一种微带天蓝色的银白色金属。虽然金属铬的电位是负的(标准电极电位为 $-0.74V$),但是由于其具有强烈的钝化能力,其表面上很容易生成一层极薄的钝化膜,使其电极电位变得比铁正得多。因此,在一般腐蚀性介质中,钢铁基体上的镀铬层属于阴极镀层,对钢铁基体无电化学保护作用。只有当镀铬层致密无孔时,才能起到机械保护作用。

镀铬是重要的镀种之一,应用十分广泛,一般用作防护-装饰性组合镀层的外表和功能镀层。金属铬的强烈钝化能力,使其具有较高的化学稳定性。在潮湿的大气中,镀铬层不起变化,与硫酸、硝酸及许多有机酸、硫化氢及碱等均不发生作用,但易溶于氢卤酸及热的硫酸中。

(一)镀铬工艺流程

上挂→电解除油→两道水洗→活化→两道水洗→镀碱铜→两道水洗→镀酸铜→两道水洗→活化→两道水洗→镀光亮镍→两道水洗→活化→两道水洗→镀铬→回收→两道水洗→热水洗→干燥→下挂。

(二)镀铬操作细则

1. 镀前准备

检查铜镍铬线的污水阀是否正常,揭开铜镍铬线上的盖子,打开所有空气搅拌开关,打开自来水、纯水总阀,依次打开控制柜的总开关、所用设备空开、所用设备控制柜面板开关。

2. 铜镍铬操作工序和要求

上挂→电解除油→两道水洗→活化→两道水洗→镀碱铜→两道水洗→镀酸铜→两道水洗→活化→两道水洗→镀光亮镍→两道水洗→活化→两道水洗→镀铬→回收→两道水洗→热水洗→干燥→下挂。

(1)上挂具。选择合适的挂具将工件挂好。

要求:工件离槽底距离≥150 mm;工件离槽两侧距离≥200 m。

(2)电解除油。将工件挂入电解除油槽;先将电流开关放置在小电流位置,再打开电源开关,小幅度调节电流至所需电流;除油1~3 min。

要求:温度控制在50~70℃,确保除油干净后再将工件取出。

(3)两道水洗。将工件过清洗槽清洗1~3 s,依次过2道水洗槽。

要求:清洗水要用流动水,确保清洗干净。

(4)活化。将工件挂入活化槽内,活化时间1~3 min。

要求:工件表面锈渍处理彻底。

(5)两道水洗。将工件过清洗槽清洗1~3 s,依次过2道水洗槽。

要求:清洗水要用流动水,确保清洗干净。

(6)镀碱铜。将工件挂入镀槽中;先将电流开关放置在小电流位置,再打开电源开关,小幅度调节电流至所需电流;电镀10~15 min(根据顾客要求及槽液状态、现场测量确定);关掉电源开关;将镀完的工件从镀槽中取出。

要求:电镀期间要查看镀层表面情况,合理地调节电流;观察阴、阳极表面现象确保导电良好。

(7)两道水洗。将工件过清洗槽清洗1~3s,依次过2道水洗槽。

要求:清洗水要用流动水,确保清洗干净。

(8)镀酸铜。将工件挂入镀槽中;先将电流开关放置在小电流位置,再打开电源开关,小幅度调节电流至所需电流;电镀10~15 min(根据顾客要求及槽液状态、现场测量确定);关掉电源开关;将镀完的工件从镀槽中取出。

要求：电镀期间要查看镀层表面情况，合理地调节电流；观察阴、阳极表面现象确保导电良好。

(9) 两道水洗。将工件过清洗槽清洗 1~3 s，依次过 2 道水洗槽。

要求：清洗水要用流动水，确保清洗干净。

(10) 活化。将工件挂入活化槽内；活化时间 1~3 min。

要求：工件表面锈渍处理彻底。

(11) 两道水洗。将工件过清洗槽清洗 1~3 s，依次过 2 道水洗槽。

要求：清洗水要用流动水，确保清洗干净。

(12) 镀光亮镍。将工件挂入镀槽中；先将电流开关放置在小电流位置，再打开电源开关，小幅度调节电流至所需电流；电镀 10~15 min（根据要求及槽液状态、现场测量确定）；关掉电源开关；将镀完的工件从镀槽中取出。

要求：电镀期间要查看镀层表面情况，合理地调节电流；观察阴、阳极表面现象确保导电良好。

(13) 两道水洗。将工件过清洗槽清洗 1~3 s，依次过 2 道水洗槽。

要求：清洗水要用流动水，确保清洗干净。

(14) 活化。将工件挂入活化槽内，活化时间 1~3 min。

要求：工件表面锈渍处理彻底。

(15) 两道水洗。将工件过清洗槽清洗 1~3 s，依次过 2 道水洗槽。

要求：清洗水要用流动水，确保清洗干净。

(16) 镀铬。将工件挂入镀槽中；先将电流开关放置在小电流位置，再打开电源开关，小幅度调节电流至所需电流；电镀 2~5 min（根据顾客要求及槽液状态、现场测量确定）关掉电源开关；将镀完的工件从镀槽中取出；

要求：电镀期间要查看镀层表面情况，合理地调节电流；观察阴、阳极表面现象确保导电良好。

(17) 回收。若镀铬槽需补充水时，将回收槽内的溶液添加至镀铬槽内。

(18) 两道水洗。将工件过清洗槽清洗 1~3s，依次过 2 道水洗槽。

要求：清洗水要用流动水，确保清洗干净。

(19) 热水洗。将工件过热水槽清洗 5~10s。

第四节　铝及铝合金的阳极氧化

金属或合金的阳极氧化或电化学氧化是将金属或合金的制件作为阳极置于电解液中，在外加电流的作用下使其表面形成氧化物薄膜的过程。金属氧化物薄膜改变了表面状态和性能，可提高金属或合金的耐腐蚀性、硬度、耐磨性、耐热性及绝缘性等。阳极氧化的主要用途包括以下几方面：

(1) 作为防护层，阳极氧化膜在空气中有足够的稳定性，能够大大提高制品表面的耐蚀性能。

(2) 作为防护-装饰层，在硫酸溶液中进行阳极氧化得到的膜具有较高的透明度，经着色处理后能得到各种鲜艳的色彩，在特殊工艺条件下还可以得到具有瓷质外观的氧化层。

(3)作为耐磨层,阳极氧化膜具有很高的硬度,可以提高制品表面的耐磨性。

(4)作为绝缘层,阳极氧化膜具有很高的绝缘电阻和介电强度,可以用作电解电容器的电介质或电器制品的绝缘层。

(5)作为喷漆底层,阳极氧化膜具有多孔性和良好的吸附特性;作为喷漆或其他有机覆盖层的底层,可以提高漆或其他有机物膜与基体的结合力。

(6)作为电镀底层,利用阳极氧化膜的多孔性,可以提高金属镀层与基体的结合力。

在所有铝和铝合金的表面处理方法中,阳极氧化法是应用最为广泛的一种。铝阳极氧化是将铝及其合金置于相应电解液(如硫酸、铬酸、草酸等)中作为阳极,在特定条件和外加电流作用下,进行电解。阳极的铝或其合金氧化,表面上形成氧化铝薄层,其厚度为 $5 \sim 20~\mu m$,硬质阳极氧化膜可达 $60 \sim 200~\mu m$。

铝在硫酸电解液中可以获得耐蚀性与耐磨性较高和吸附性较好的无色透明氧化膜,几乎所有的铝及其合金都能在这种电解液中进行阳极氧化。硫酸阳极化电解液成分比较简单,溶液稳定、允许杂质含量范围较大,与铬酸、草酸法比较,电能消耗少,操作方便,成本低。因此这种电解液在表面处理行业中得到广泛应用。

一、硫酸阳极氧化的影响因素

影响氧化膜质量的因素有很多,包括材料因素、硫酸浓度、杂质、电流密度、温度、时间等工艺因素。

(一)材料因素

氧化膜的性能与合金成分有关。一般地,纯铝及低合金成分铝合金的氧化膜硬度最高,而且氧化膜均匀一致。随着合金成分的含量增加,膜质变软,特别是重金属元素影响最大。

(二)工艺因素

(1)硫酸浓度。氧化膜的生成速度与电解液中硫酸浓度有密切的关系。膜的增厚过程取决于膜的溶解与生长速度之比。通常硫酸浓度增大,氧化膜溶解速度也增大(膜不易生长);反之,硫酸浓度降低,膜溶解速度也减少(膜易生长)。图 6-3 便为硫酸浓度对氧化膜生成速度的影响。

在浓度较高的硫酸溶液中进行氧化时,所得的氧化膜孔隙率高,容易染色,但膜的硬度、耐磨性能均较差。而在稀硫酸溶液中所得的氧化膜,坚硬且耐磨,反光性能好,但孔隙率较低,适宜于染成各种较浅的淡色。

(2)电解液杂质。电解液中可能存在的杂质是阴离子(如 Cl^-、F^-、NO_3^-)和金属阳离子(如 Al^{3+}、Cu^{2+}、Fe^{2+})。当 Cl^-、F^-、NO_3^- 等阴离子含量高时,氧化膜的孔隙率大大

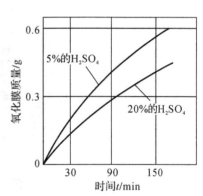

图 6-3 硫酸浓度对氧化膜生成速度的影响

增加,氧化膜表面变得粗糙和疏松。因此,必须严格控制水质,一般要求用去离子水或蒸馏水配制电解液。

(3)温度。电解液温度对氧化膜层的影响与硫酸浓度变化的影响基本相同,如图 6-4 和图 6-5 所示。温度升高时,膜的溶解速度加大,膜的生成速度减小。一般地,随电解液温度的

升高,氧化膜的耐磨性降低。在温度为18～20℃时,所得的氧化膜多孔,吸附性好,富有弹性,抗蚀能力强,但耐磨性较差。在装饰性硫酸阳极氧化工艺中,温度控制在0～3℃,硬度可达400HV以上。对于易变形的零件,宜在温度8～10℃内氧化。但当制件受力发生形变或弯曲时,氧化膜易碎裂,溶液温度过低氧化膜发脆易裂。

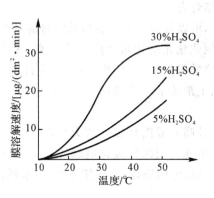

图6-4 温度对膜溶解速度的影响

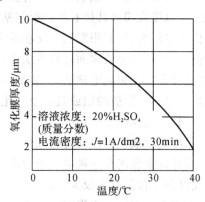

图6-5 温度对膜成长速度的影响

(4)电流密度。对氧化膜的生长影响很大,如图6-6所示。在一定范围内提高电流密度,可以加速膜的生长速度;但当达到一定的阳极电流密度极限值后,氧化膜的速度增加得很慢,甚至趋于停止。这主要是因为在高电流密度下,氧化膜孔内的热效应加大,促使氧化膜溶解加速所致。直流氧化膜硬度比交流氧化膜硬度高,直流和交流叠加使用时,可在一定范围内调节氧化膜硬度。当铝制件通电氧化时,开始很快在铝制件表面生成一层薄而致密的氧化膜,此时电阻增大,电压急剧升高,阳极电流密度逐渐减少。电压继续升高至一定值时,氧化膜因受电解液的溶解作用在较薄弱部位开始被电击穿,促使电流通过,氧化过程继续进行。

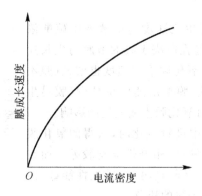

图6-6 电流密度对膜成长速度的影响

(5)时间。氧化时间的确定取决于电解液的浓度、所需的膜厚和工作条件等。在正常情况下,当电流密度恒定时,膜的生长速度与氧化时间成正比。但当氧化膜生长到一定厚度时,由于膜的电阻加大,影响导电能力,而且由于温升,膜的溶解速度也加快,故膜的生长速度会逐渐减慢。

氧化时间可延长至数小时。但操作时必须加大电流密度,对于形状复杂或易变形的制品,其氧化时间不宜太长。

二、硫酸阳极化工艺流程

上挂→碱腐蚀→两道水洗→出光→水洗→硫酸阳极氧化→水洗→封闭→着色→水洗

三、硫酸阳极化的操作细则

(一)硫酸阳极化前准备

检查阳极化线的污水阀是否正常,揭开阳极化线上的盖子,打开所有空气搅拌开关,打开自来水、纯水总阀,依次打开控制柜的总开关、所用设备空开、所用设备控制柜面板开关。

(二)硫酸阳极化操作工序和要求

硫酸阳极化操作工序:上挂具→碱腐蚀→两道水洗→出光→两道水洗→阳极化→水洗→封闭→下挂。

(1)上挂具。上挂具前必须将阳极杠、支架和挂具擦干净,确保导电良好;检查零件表面质量是否合格,即无油无锈,方可进行,如质量不合格则返回重新前处理;将前处理合格的工件,用专用挂具将其挂好;计算电流:电流=工件面积(双面)$\times 0.5 \sim 2$ A/dm^2。

要求:工件离槽底距离≥150 mm;工件离槽两侧距离≥200 mm;工件和挂具接触要良好,在保证导电性能的情况下,接触面积应尽可能小。

(2)碱腐蚀。将工件挂在碱腐蚀槽内腐蚀1~3 min,再将工件提出。

要求:温度控制在50~70℃,确保除油干净后再将工件吊出。

(3)两道水洗。将工件吊入清水槽清洗1~3 s,依次过2道水洗槽,将工件提出清水槽。

要求:清洗用流动水,确保清洗干净。

(4)出光。将工件吊入出光槽内,出光时间5~10 s,将工件提出。

要求:出光后镀层表面应为光亮。

(5)两道水洗。将工件吊入清水槽清洗1~3 s,依次过2道水洗槽,将工件提出清水槽。

要求:清洗用流动水,确保清洗干净。

(6)阳极化。将工件吊入阳极化槽内,启动冷冻机,阳极化时间30~50 min,将工件提出。

要求:阳极化时要严格将温度控制在20~25℃内;观察阳极导电情况;工件在槽内不能停留太久,否则槽液对膜层产生腐蚀。

(7)水洗。将工件吊入清水槽,清洗1~3 s,将工件提出清水槽。

要求:清洗用流动水,确保清洗干净。

(8)封闭。将工件吊入封闭槽内,封闭5~10 min,将工件吊出封闭槽。

要求:封闭槽温度要控制在90℃左右。

(9)下挂。将封闭后的工件挂入烘干区。

参 考 文 献

[1] 周伯伟.金工实习[M].南京:南京大学出版社,2006.
[2] 高美兰.金工实习[M].北京:机械工业出版社,2006.
[3] 邵刚.金工实习[M].北京:电子工业出版社,2004.
[4] 黄如林.金工实习教程[M].上海:上海交通大学出版社,2003.
[5] 金禧德.金工实习[M].2版.北京:高等教育出版社,2001.
[6] 陈洪涛.金属工艺实习[M].北京:高等教育出版社,2003.
[7] 李永增.金工实习[M].北京:高等教育出版社,1996.
[8] 杨森.金属工艺实习[M].北京:机械工业出版社,1997.
[9] 杨昆.金工实训[M].北京:机械工业出版社,2002.
[10] 黄锦清.机加工实习[M].北京:机械工业出版社,2002.
[11] 裴崇斌.金工实习[M].西安:西北工业大学出版社,1996.